废水COD组分表征方法体系构建与应用

卢培利　艾海男
张代钧　何　强　著

科学出版社
北京

内 容 简 介

本书基于国际水协在活性污泥模型中关于COD组分划分结果的思路，系统介绍了废水COD组分表征方法及其在实践中的应用。本书是目前国内较全面介绍活性污泥模型COD组分表征方法及最新科研成果的专著，全书注重方法体系的完整性和系统性，兼顾理论与实践，紧密结合国内外最新研究进展与观点。全书共7章，主要内容包括：废水COD组分的物化表征方法、快速和慢速可生物降解COD组分表征方法、废水中低浓度VFA的九点滴定测量方法、废水中活性微生物COD组分表征方法，以及废水COD组分表征方法体系构建及应用。

本书可作为相关科研院所、工程设计单位及其他各类从事废水处理的科研和工程技术人员的参考书，也可作为高等院校市政工程、环境工程等与废水处理相关专业的研究生、本科生的参考书。

图书在版编目(CIP)数据

废水COD组分表征方法体系构建与应用/卢培利等著. —北京：科学出版社，2011

ISBN 978-7-03-032225-8

Ⅰ.废… Ⅱ.卢… Ⅲ.废水处理-化学需氧量测定 Ⅳ.X703

中国版本图书馆CIP数据核字（2011）第175849号

责任编辑：汤　枫　吴凡洁 / 责任校对：包志虹

责任印制：张　倩 / 封面设计：耕者设计工作室

科学出版社 出版

北京东黄城根北街16号

邮政编码：100717

http://www.sciencep.com

源海印刷有限责任公司 印刷

科学出版社发行　　各地新华书店经销

*

2012年6月第 一 版　　开本：B5（720×1000）

2012年6月第一次印刷　　印张：10 3/4

字数：208 000

定价：45.00元

（如有印装质量问题，我社负责调换）

前 言

近几十年来，以废水净化处理、回用为目的的各种新型处理工艺竞相出现。这些工艺总体分为两大类：第一类是针对城市污水提出的各种工艺（其中以活性污泥法为主）；第二类是针对各种工业废水特性而提出的工业废水处理工艺。尽管这些工艺看似各不相同，但它们都遵循着一个原则，即均是基于处理对象的基本组成成分及特性提出的，这是废水处理工程最重要的前提。就废水来说，其水质特性受到多种因素的影响，如社会因素、经济因素等。不同国家、不同城市，甚至相同城市的不同污水处理厂的进水水质必然存在着明显差异。这种差异决定了各城市污水处理厂在主要生物处理工艺基本相同的情况下，运行模式、微生物种类、附加处理单元等存在区别。

纵观现今的废水生物处理工艺，如 SBR、氧化沟、A^2/O 等，其实质均是以活性污泥法为基础，按照废水的水质特性人为地把一系列单元操作按照特定的方式组合起来。国际水协（IWA）提出的活性污泥模型（ASMs）详细描述了各种污染物在反应池或单元操作中物理、化学和生物化学转化过程，成为废水生物处理工艺设计、运行控制和管理的重要手段，并已广泛应用。而应用 ASMs 对污水处理厂进行模拟优化需要预先掌握该污水处理厂的一些基本参数，主要包括以下几个方面：①工艺结构：工艺流程、各单个反应器及连通管道的物理尺寸、流动模式（活塞流或完全混合等）、回流设置和剩余污泥的排放等。②运行数据：进水流量、控制变量和响应变量。③进水水质：模型的基本组分。④模型化学计量学和动力学参数等。在以上须知条件中，有关污水处理厂的设计和运行方面的参数是具备的，关于 ASMs 中的化学计量学和动力学参数都有典型值，而进水水质等模型组分的定量表征目前不管是在污水处理厂的常规分析，甚或专业研究都存在着相当大的难度。这就使得活性污泥系列模型的推广受到了极大的限制，成为其发展的一个瓶颈。

ASMs 组分包括 COD 组分、含氮组分以及含磷组分三大类。含氮组分主要以氨氮和硝态氮为主，含磷组分主要为正磷酸盐，这已经为研究者所公认。而 ASMs COD 组分是根据其在生物反应池所经历生物代谢过程及其动力学特性对总 COD 的组成进行划分。因此，活性污泥模型（进水）组分表征重点是 COD 组分表征。

理论和实践证明，不同 COD 组分具有不同的生物降解特性，在生物反应池中所经历降解过程不同，并且相互影响。相同的 COD 总量但组成不同时其处理去除效果也不同。虽然活性污泥系列模型已提出20多年，但模型组分的定量表征方法研究一直未得到系统化的发展，某些组分尚缺乏科学的表征方法；对同一组分的不同测试方法之间亦缺乏全面的对比研究，对其测试结果的准确性、相关性仍不清楚；再者，已有的一些方法过于复杂，对人员和仪器要求很高，在实际废水处理厂实施较为困难。因此，废水的COD组分表征已经成为当前水科学领域的一个亟待解决的问题。

本书是对张代钧教授课题组多年来在该领域的研究工作成果的梳理和总结，注重方法体系的完整性和系统性，并力求兼顾理论与实践，紧密结合国内外相关领域的最新研究进展与观点。除本书作者外，曹海彬、张欣、王华、江伟、汪林、张文阁、张爽、李振亮、许丹宇、郭丽莎等研究生参与了部分研究工作。全书共7章，第1章全面分析了活性污泥模型的发展历程及推广应用存在的问题；第2、5、7章较系统地介绍了COD组分表征的物化方法、废水中活性微生物组分表征方法，以及废水COD组分表征方法体系的实际应用；第3、4、6章系统介绍了呼吸仪同时表征快速易降解COD组分及慢速可降解COD组分的方法，以及废水中低浓度VFA组分的滴定测量方法。全书由张代钧教授和何强教授审定。研究工作得到了国家自然科学基金项目（50578166，50778183，50908241）和国家水体污染控制与治理科技重大专项三峡项目课题三（2009ZX07315-002）的资助，在此一并感谢。

由于作者水平有限，书中疏漏和不妥之处在所难免，恳请有关专家和广大读者批评指正。

目　录

第 1 章　绪　论

1.1　问题的提出

废水处理工程是人为地把一系列单元操作/过程按照特定的方式组合起来形成的以去除废水中各种污染物质为目的的复杂系统。自 20 世纪中后期以来，系统模拟仿真就被作为认识、设计和控制废水处理系统的重要工具而广泛应用。图 1-1 概括了对一个典型的污水处理厂进行仿真模拟所必要的条件[1]，其中有关各单元操作/单元过程的数学模型是首要条件，其他条件都是为这些模型的应用服务。目前，一个完整的城市污水处理厂几乎所有的单元操作/单元过程都有对应的数学模型，如滴滤池模型[2,3]、生物转盘模型[4]和其他类型的生物膜模型[5~10]、厌氧消化模型[11,12]、活性污泥模型（activated sludge models, ASMs)[13~16]、流量分配器模型、均质池模型、隔栅井模型、泵站模型等[17]。

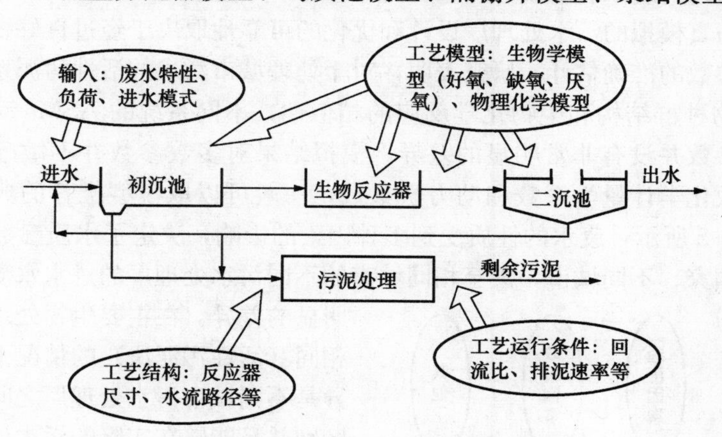

图 1-1　废水处理工艺仿真的必要条件

近年来，ASMs 在各种仿真器上的实现已经对活性污泥系统的设计方法的发展产生了重大影响。它作为一种重要科学方法广泛应用于评估工业化废水处理厂流量、负荷和运行方式改变对运行效果的影响以及优化污水处理厂改造方案。在操作人员的培训方面，通过使用模型进行仿真训练，使操作人员在输入条件、系统结构和运行策略的变化对污水处理系统行为的影响方面获得直接的经验。起初面向城市污水处理开发的活性污泥模型已经用于工业废水处理过程的模拟[18,19]。

应用 ASMs 模拟大型污水处理厂需要的参数包括以下几个方面：①有关污

水处理厂的数据：工艺流程（管道、通道、回流管道和旁通管道等）、各种反应器及管道的物理尺寸、流动模式（活塞流、完全混合反应器）、回流和排泥等；②污水处理厂运行数据：入流量、控制变量和响应变量；③进水水质：模型的基本组分；④模型化学计量学和动力学参数等。其中关于污水处理厂设计和运行方面的数据比较容易获得，而有关进水水质的模型组分的确定存在相当大的难度。考虑到废水的COD由各种物理化学性质各异的有机物组成，不同性质的污染物在废水处理系统中通过发生不同的物理、化学和生物化学反应而得到去除，传统的COD和BOD这类集总性参数已经不能满足这种对污染物及其去除过程进行差异化描述的要求，ASMs根据污染物的生物化学转化机理和生物降解特性的差异，把废水中的COD依据污染物的溶解性、可生物降解性和降解速率划分为一系列模型组分，对作用在不同组分上的机理加以区分，包括溶解性惰性COD组分 S_I、颗粒型惰性COD组分 X_I、快速易生物降解COD组分RBCOD（包括可发酵COD组分 S_F 和挥发性脂肪酸组分 S_A）、慢速可生物降解COD组分SBCOD，以及微生物细胞COD组分 X_B。这些模型对于进水COD组分的划分已经超出污水处理厂日常测试范围，甚至对于在实验室从事专门研究的专业人员也并非易事，所以专门的废水表征成为一项必需的工作。

基于仿真模拟的污水处理厂设计和优化的可靠性取决于经过良好校正的模型和对模型参数的准确估计。研究表明，对于处理城市污水的活性污泥系统，由于污泥微生物种群结构和生物化学反应的相似性，不同系统的ASMs动力学和化学计量学参数并没有非常明显的差异，模拟结果对多数参数并不敏感[20,21]。对于绝大多数化学计量学系数和动力学参数，一般可以取模型推荐的典型值。但是，如图1-2所示，废水的性质受到多种因素的影响，决定了水质参数具有特异性。不同国家、不同城市，甚至相同城市的不同污水处理厂的进水水质必然存在明显的差异。在主要生物处理工艺基本相同（活性污泥法）的情况下，这种差异是不同城市污水处理厂之间最本质的区别并且能够在实际的污水处理厂中被各种微生物和处理设施自动识别而加以分别对待。在活性污泥系统模拟中，水质组分及其差异必须以数值的形式输入到ASMs中，这就要求对所模拟的城市污水的水质组分进行必要的分析测试而不能照搬其他地方的缺省数据。

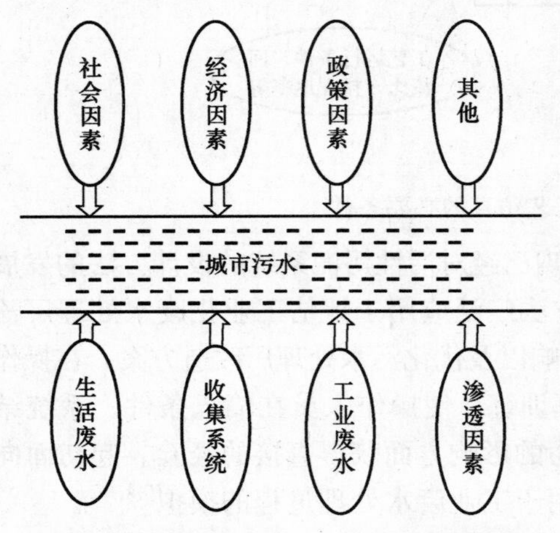

图1-2 影响城市污水性质的主要因素

在活性污泥1号模型提出后的20多年，大量的研究致力于废水COD组分表征方法的开发[22~29]。但大部分工作主要集中于单个组分的表征方法，而非建立面对全部COD组分的标准化的表征方法体系。同一组分的不同测试方法的应用致使模拟仿真结果缺乏可比性。荷兰应用水研究基金会（Stichting Toegepast Onderzoek Waterbeheer，STOWA）曾提出了综合的废水COD组分表征程序[30]。但是，这套方法是基于物理化学方法。在模型和软件已在国内外被大量应用的背景下，活性污泥模型COD组分表征已成为国际水科学技术领域亟待解决的重要科学问题。因此，国际水协（International Water Association，IWA）在2004年成立了一个名为“好的模拟实践——活性污泥模型应用导则”的工作组，其目标是建立国际公认的工作框架以促进模拟更直接和系统化，特别是对于工程实践人员和咨询人员（http://www.modeleau.org/GMP_TG/）。2009年，这个工作组发布了其工作进展，公布了对活性污泥模型在全球应用情况调查的结果，把缺乏简单实用的标准化的废水表征导则作为阻碍模型应用的主要障碍之一[31]。开发这样的导则也成为这个工作组的重要工作目标之一。

在我国结合自己的实际情况进行废水COD组分表征标准化方法研究与应用，将会大力推动我国这方面研究向系统化、全面化和规范化的方向发展，为活性污泥模型的研究和应用提供必要的基础。标准化的城市污水COD组分表征方法的建立，对于活性污泥模型的研究开发和推广应用起到一个基础公共平台的作用，也能使我们对我国废水中有机物的组成和分布特性有更深入、更透彻的了解，为城市污水处理厂的日常运行管理提供更多有价值的信息。

1.2 活性污泥模型

20世纪50年代后期，国外一些学者引入化工领域的反应器理论及微生物学的生物化学反应理论，在以米-门公式为基础的Monod方程的基础上，将基质降解与微生物生长之间的关系用数学模型来表示，其中最有代表性的是Eckenfelder模型、Mckinney模型和Lawrence-McCarty模型[32]。

虽然这些模型基本满足了活性污泥工艺设计的要求并得到了应用，但大量的实验和运行数据证实，这类模型不能很好地体现活性污泥法的许多典型工艺特点，无法描述系统的瞬变响应过程，而且由于模型只考虑了废水中含碳有机物的去除，其适用范围受到限制，尤其是不能应用于活性污泥系统的动态模拟和运行控制研究。另外，随着排水氮磷标准的日益严格，污水处理厂必须脱氮除磷，这对用于指导城市污水处理厂设计和运行管理的活性污泥法数学模型提出了新的要求。为适应这种需要，原国际水污染研究与控制协会IAWPRC（曾改名为国际水质协会，IAWQ；现改名为国际水协，IWA）从1983年起组织了丹麦、瑞士、荷兰、南非和日本等多个国家的专家，成立了废水生物处理厂设计运行数学模拟国际工作组，对活性污泥模型进行开发研究，分别于1986年、1995年和1999年陆续推出了4套活性污泥模型。IWA的ASMs最显著的特点是用矩阵的形式来描述污水中各组分的变化与各生物学过程之间的化学计量学与动力学关系，使活性污泥系统中复杂的生物化学反应过程更加直观；对于每一个过程都应用了物质平衡原理，建立了碳、氮、磷、总悬浮固体和碱度的平衡，大大减少了建模所需的参数。这两大特点也为计算机技术的引入和相关软件的开发奠定了坚实的基础，提高了模型的实际应用价值。下面重点以活性污泥 1 号模型（activated sludge model No. 1，ASM1）为例，介绍 IWA 提出的系列 ASMs。

1.2.1 活性污泥 1 号模型

IWA 于 1986 年在已有各种废水生物处理数学模型的基础上提出了 ASM1[13]。ASM1 主要包括碳氧化、硝化和反硝化等 8 个反应过程，包含异养型和自养型微生物、硝态氮和氨氮等 12 种物质及 5 个化学计量参数和 14 个动力学参数，不包含磷组分及其相应转化过程。

1. ASM1 的 Petersen 矩阵

大部分生物过程模型采用一种标准的矩阵形式——Petersen 矩阵，如表1-1所示[17]。

表 1-1 Petersen 矩阵示例

组分 i / j 过程	1 X_B	2 S_S	3 S_O	过程速率 ρ_j $[M/(L^3 \cdot T)]$
1 生长	1	$-\frac{1}{Y}$	$-\frac{1-Y}{Y}$	$\frac{\hat{\mu} S_S}{K_S + S_S} X_B$
2 衰减	1		-1	bX_B
表观转化速率 $[M/(L^3 \cdot T)]$	$r_i = \sum_j r_{ij} = \sum_j v_{ij}\rho_j$			动力学参数： 最大比生长速率 $\hat{\mu}$ 半速率常数 K_S 比衰减速率 b
化学计量参数： 产率系数 Y	微生物 $[M(COD)/L^3]$	基质 $[M(COD)/L^3]$	氧气 $[M(COD)/L^3]$	

注：表中 M、L、T 分别表示质量、长度和温度。

在表 1-1 的矩阵中，第 1 行，以下标 i 表示，列出了模型所有的组分或状态变量，即 X_B、S_S 和 S_O。每一个组分对应一列，在这些列的最后一行标出了组分的名称和单位。在组分行以下列出了会引起组分变化的重要的生物反应过程，以下标 j 表示，每一个过程所在行的最后一列是该反应对应的反应速率。表的右下角是所有动力学参数的定义。

组分之间的化学计量学参数列在表的左下角。过程行和组分列的交叉处是组分在对应过程中的化学计量关系，即 v_{ij}。如果一个过程不引起某个组分的变化，则对应处为空，表示计量关系为 0。一个组分在某个过程中的转化速率 r_{ij}，是化学计量系数和过程速率的乘积 $v_{ij}\rho_j$；总的净转化速率 r_i，是它在各个反应过程中的转化速率之和，即 $r_i = \sum_j r_{ij} = \sum_j v_{ij}\rho_j$。

国际水协活性污泥模型都遵照 Petersen 矩阵的这种基本原理，ASM1 的矩阵见表 1-2。

表 1-2 活性污泥 1 号模型矩阵

组分 i / j 工艺过程	1 S_I	2 S_S	3 X_I	4 X_S	5 X_{BH}	6 X_{BA}	7 X_P	8 S_O	9 S_{NO}	10 S_{NH}	11 S_{ND}	12 X_{ND}	13 S_{ALK}	反应速率 $\rho_j[M/(L^3 \cdot T)]$
1 异养菌好氧生长		$-\frac{1}{Y_H}$			1			$-\frac{1-Y_H}{Y_H}$		$-i_{XB}$			$-\frac{i_{XB}}{14}$	$\hat{\mu}_H\left[\frac{S_S}{K_S+S_S}\right]\left[\frac{S_O}{K_{O,H}+S_O}\right]X_{BH}$
2 异养菌缺氧生长		$-\frac{1}{Y_H}$			-1				$-\frac{1-Y_H}{2.86Y_H}$	$-i_{XB}$			$\frac{1-Y_H}{14-2.86Y_H}-\frac{i_{XB}}{14}$	$\hat{\mu}_H\left[\frac{S_S}{K_S+S_S}\right]\left[\frac{K_{O,H}}{K_{O,H}+S_O}\right]\left[\frac{S_{NO}}{K_{NO}+S_{NO}}\right]\eta_g X_{BH}$
3 自养菌好氧生长						1		$-\frac{4.57-Y_A}{Y_A}$	$\frac{1}{Y_A}$	$-i_{XB}-\frac{1}{Y_A}$			$-\frac{i_{XB}}{14}-\frac{1}{7Y_A}$	$\hat{\mu}_A\left[\frac{S_{NH}}{K_{NH}+S_{NH}}\right]\left[\frac{S_O}{K_{O,A}+S_O}\right]X_{BA}$
4 异养菌衰减				$1-f_P$	-1		f_P					$i_{XB}-f_P i_{XP}$		$b_H X_{BH}$
5 自养菌衰减				$1-f_P$		-1	f_P					$i_{XB}-f_P i_{XP}$		$b_A X_{BA}$
6 溶解性有机氮氨化										1	-1		1/14	$k_a S_{ND} X_{BH}$
7 絮集有机物水解		1		-1										$k_h\frac{X_S/X_{BH}}{K_X+X_S/X_{BH}}\left[\left(\frac{S_O}{K_{O,H}+S_O}\right)+\eta_h\left(\frac{K_{O,H}}{K_{O,H}+S_O}\right)\left(\frac{S_{NO}}{K_{NO}+S_{NO}}\right)\right]X_{BH}$
8 絮集有机氮水解											1	-1		$\rho_7(X_{ND}/X_S)$
表观转化速率 $[M/(L^3 \cdot T)]$	$r_i=\sum_j r_{ij}=\sum_j v_{ij}\rho_j$													
Y_H——异养菌产率；Y_A——自养菌产率；f_P——颗粒性衰减产物比例；i_{XB}、i_{XP}——N在生物量和衰减产物中的比例	可溶性惰性有机物 $[M(COD)/L^3]$	易生物降解基质 $[M(COD)/L^3]$	颗粒性惰性有机物 $[M(COD)/L^3]$	慢速可生物降解基质 $[M(COD)/L^3]$	异养活性生物量 $[M(COD)/L^3]$	自养活性生物量 $[M(COD)/L^3]$	生物衰减颗粒性产物 $[M(COD)/L^3]$	氧 (−COD) $[M(COD)/L^3]$	硝酸盐和亚硝酸盐氮 $[M(N)/L^3]$	NH_4^+ + NH_3 氮 $[M(N)/L^3]$	溶解性可生物降解有机氮 $[M(N)/L^3]$	颗粒性可生物降解有机氮 $[M(N)/L^3]$	碱度/摩尔单位	动力学参数：μ_H、K_S、$K_{O,H}$、K_{NO}、b_H——异养生长与衰减；μ_A、K_{NH}、$K_{O,A}$、b_A——自养生长与衰减；η_g——异养菌缺氧生长的校正因数；k_a——氨化；η_h——缺氧水解的校正因数；k_h、K_X——水解

注：表中 M、L、T 分别表示质量、长度和温度。

2. ASM1的组分

1）COD组分

在ASM1中，总COD依据生物可降解性、生物降解速率、可溶解性和变化性划分为7个组分，如图1-3所示。

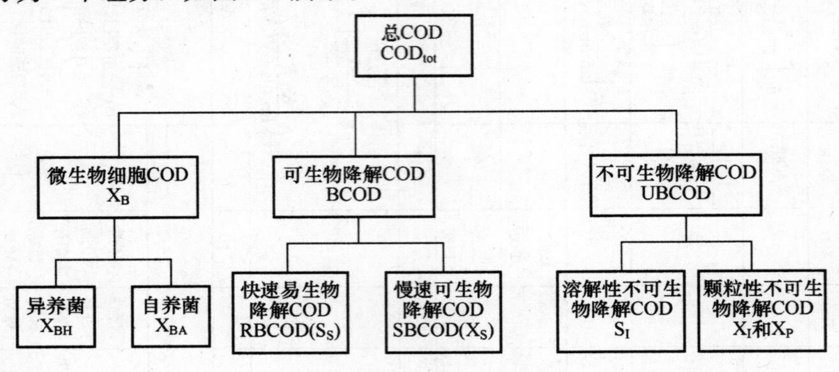

图1-3　ASM1中的COD组分

2）氮组分

与含碳物质类似，依据可生物降解性、降解速率和可溶解性进行如图1-4所示的划分。

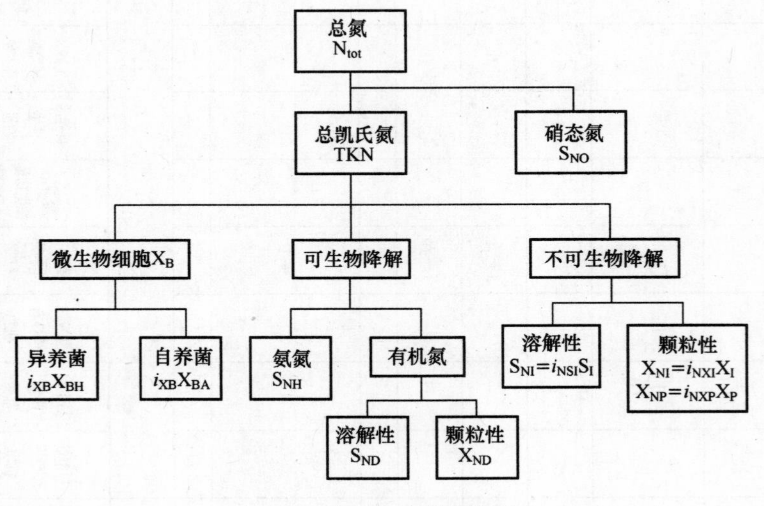

图1-4　ASM1中的氮组分

3. ASM1的过程

ASM1主要定义了4个生物过程：微生物的生长、微生物的衰减、有机氮的氨化，以及颗粒性有机物的水解。基于死亡-再生机理的 ASM1 中基质在各个生物反应过程中的流动情况如图 1-5所示[33]。

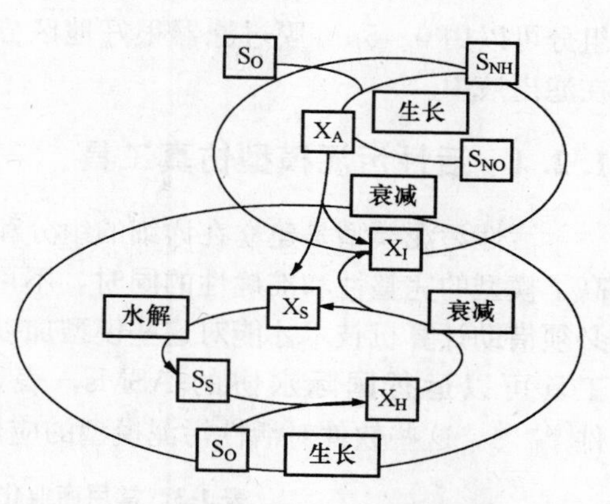

图 1-5 ASM1 中的基质流

1.2.2 活性污泥模型 2 号模型

IWA 于 1995 年推出 ASM2[15]。该模型沿用了 ASM1 的矩阵表述形式和物质平衡计算两大特点，引入聚磷微生物（phosphorus accumulation organisms，PAOs），将生物和化学除磷过程纳入模型中。ASM2 共有 19 种组分、19 个生物化学反应过程、22 个化学计量系数和 42 个动力学参数。但由于至今对生物除磷的机理还未完全明了，ASM2 的应用还存在一些限制，如适用 pH 范围是 6.3～7.8，适用温度范围是 10～25℃，发酵及厌氧水解过程对 PAOs 超量摄磷的影响还需作进一步研究等。因此，ASM2 还不能说是一个很成熟的模型。但它是活性污泥模型发展的一个突破，为模型发展和完善提供了基点。1999 年推出的 ASM2d 就是对 ASM2 的一次完善，主要考虑了反硝化除磷过程[14]。

1.2.3 活性污泥模型 3 号模型

活性污泥 3 号模型（ASM3）于 1999 年推出[16]，不包括除磷过程，该模型与ASM1 的区别体现在：

（1）采纳了有机物的贮存-代谢机理，在细胞衰减方面沿用内源呼吸理论[23]（图 1-6），假定胞内贮存物（X_{STO}）是异养菌生长的唯一基质，使模型大大简化。

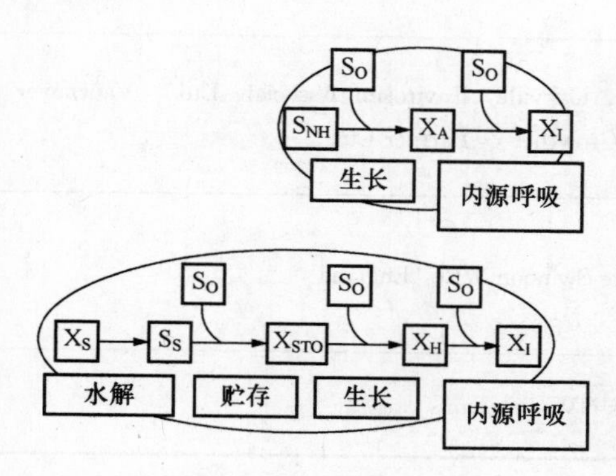

图 1-6 ASM3 中的基质流

（2）将水解过程加以简化，从而减弱了水解作用对耗氧速率和反硝化速率的控制作用。

（3）综合考虑了环境条件对生物衰减过程的影响，将衰减过程细化，使其更适应环境条件。

（4）考虑到生物体自身氧化的同时伴随着其胞内贮存物的氧化，并认为其氧化速率大于微生物自身氧化速率。

（5）在 ASM3 中，溶解性和颗粒性

组分可以用0.45μm膜过滤器很好地区分辨别，而在ASM1中，X_S可能会被留在滤出液中。

1.2.4　活性污泥模型仿真工具

活性污泥模型是建立在详细的组分和过程划分基础上的模型，这种做法在提高了模型的完整性和准确性的同时，不可避免地增加了模型的复杂程度。因此，必须借助计算机技术才能对这些模型加以应用。目前，已经有多种商业化的仿真工具可以运行国际水协的ASMs，表1-3列出了其中较为常用的商业化软件[34~36]。这些软件对活性污泥模型的应用和推广起到了很大的促进作用。

表1-3　常用商业化活性污泥模拟软件

名称	性　能	开　发　商
SSSP	执行ASM1	Jr LeslieGrady CP，Environmental Systems Engineering，Rich Environmental Research Lab.，Clemson University，Clemson，SC 29643-0919 USA
EFOR	执行ASM1和一个沉淀池模型	Jan Peterson，I Kruger A/S，Gladsaxevej 363，DK2860 Soborg，Denmark
ASIM	执行ASM1和ASM2及其他模型	Willi Gujer，EAWAG，Swiss Federal Institute for Environmental Science and Technology，CH-8600 Dübendorf，Switzerland
GPS-X	执行ASM1和ASM2及其他单元	Hydromantis，Inc.，1685 Main St. West，Suite 302，Hamilton，Ontario L8S 1G5 Canada
SBRSIM	执行用于SBR反应器的ASM1	Jürgen，Oles，Technical University，HamburgHarburg，Eissendorfer，Strasse 42，2100，Hamburg 90，Germany
SIMBA	执行ASM1和ASM2及其他模型	IFAK研究开发，Otterpohl Wasserkonzepte发行
BioWin	执行ASM1的修改版和沉淀池模型、污泥处理模型	Ontario，Oakville，Envirosim Associate Ltd.，Vancouver BC，Reid Crowther & Partner Ltd.
STOAT	执行ASM1、ASM2、ASM2d、ASM3和其他模型	Wiltshire Swindon WRc，England
WEST	执行去碳、脱氮除磷、沉淀等过程的模拟	Hemmis NV，Belgium

1.3 废水生物处理中的呼吸测量技术

活性污泥法是利用活性污泥中微生物的生理代谢活动来去除废水中的污染物质，其中含碳有机物和氨氮的去除都要消耗氧气。氧利用速率（oxygen uptake rate，OUR）是好氧微生物单位时间和体积内消耗的氧气的质量，这一指标把微生物的生长和底物的消耗直接联系起来。以 OUR 为变量可以建立活性污泥系统中各反应底物与微生物之间的数量关系，分析主要反应过程的动态特性[37]，可用于城市污水组分测试、化学计量学和动力学参数的识别与校核、好氧活性污泥工艺运行状态的监测和控制等。呼吸测量就是测量和解析活性污泥 OUR 的一类技术方法。从最初的瓦勃氏呼吸仪发展至今，已经有多种呼吸仪产品，有些具有较高的测试频率，适合于动态瞬变过程研究，而另一些则侧重于总 BOD 的测量。但是，就其基本原理，可以按照被测氧气所在介质的特点划分为测量气相中的氧气浓度和测量液相中的溶解氧浓度两种类型[23]。

1.3.1 测量气相氧气浓度（压力）的呼吸测量技术

测量气相中氧气浓度（压力）变化来间接反映活性污泥微生物耗氧状况的呼吸测量技术是比较特殊的一类，如 Merit20 型呼吸测定仪和 Bioscience 公司的 BI-2000型电解质呼吸仪。这些呼吸仪一般由反应器、电解产氧单元、CO_2 捕捉器和相关软件组成。活性污泥与水样在密闭的反应器中混合，发生生化反应消耗氧气产生 CO_2，CO_2 被装有 KOH 溶液的捕捉器吸收引起反应器内气压下降，压力传感器探测到这种变化并接通电解产氧单元的电源，电解产生氧气补充被消耗的氧气，维持反应瓶气压。通过计量电流量可计算产生的氧气量，就能得到试样的总 BOD 和 OUR 变化曲线。这类呼吸仪由于自身基本原理的限制而不可能具有太高的测试频率，一般至少需要几分钟的采样间隔。因此，该类呼吸仪适用于长期的总 BOD 的测量，而不适合于动态过程研究。

1.3.2 测量液相溶氧浓度的呼吸测量技术

现实应用最多的呼吸测量技术是用溶解氧电极测量液相中的溶解氧浓度，通过对液相中的溶解氧作物料衡算来得到 OUR：

$$\frac{dS_O}{dt}=\frac{Q}{V}(S_{O,in}-S_O)+K_La(S_O^0-S_O)-r_O \tag{1-1}$$

式中，$S_{O,in}$、S_O 为流入和流出反应器的溶解氧浓度，mg/L；S_O^0 为液相中实际的溶解氧浓度和饱和溶解氧浓度，mg/L；Q 为混合液流量，m^3/h；V 为反应器体积，m^3；K_La 为曝气设备的氧传质系数，1/h；r_O 为微生物的氧利用速率

(OUR)，mg/(L·h)。

等式（1-1）左边表示液相中溶解氧浓度变化速率。等式右边第1项为传输项，表示由液体流动带入的溶解氧；第2项为曝气项，表示由充氧设备引入的溶解氧；第3项为微生物消耗的溶解氧。

在实际应用中，根据呼吸仪的具体设计，可能没有传输项或曝气项，也可能这两项都没有。根据气相和液相的流动状态，又可以把这类呼吸测量技术分为以下4种。

1. *静态气相-静态液相*

所谓静态气相-静态液相是指在实验期间反应系统与外界没有物质交换，因此，方程（1-1）可以简化为

$$\frac{\mathrm{d}S_{\mathrm{O}}}{\mathrm{d}t}=-r_{\mathrm{O}} \tag{1-2}$$

这种呼吸测量技术最典型代表就是常用的批式OUR测定仪，在密闭的反应器中测量溶解氧浓度随时间的下降[38~42]。为避免外来氧气的干扰，反应器必须密闭且被液体充满，如图1-7所示。但有学者认为即使反应器敞口，液体表面大气复氧也可以忽略[43]。Wentzel等[23]采用在液面覆盖塑料小球的方式来限制气液界面的氧气传递（图1-8），Gernaey等[44]则通过减小敞口面积的方式来达到这一目的。

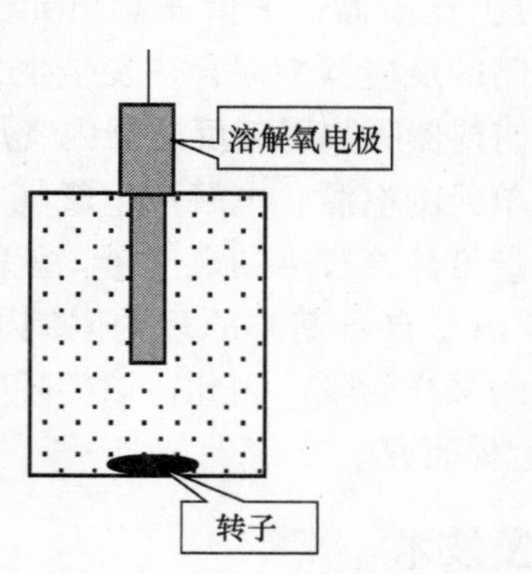

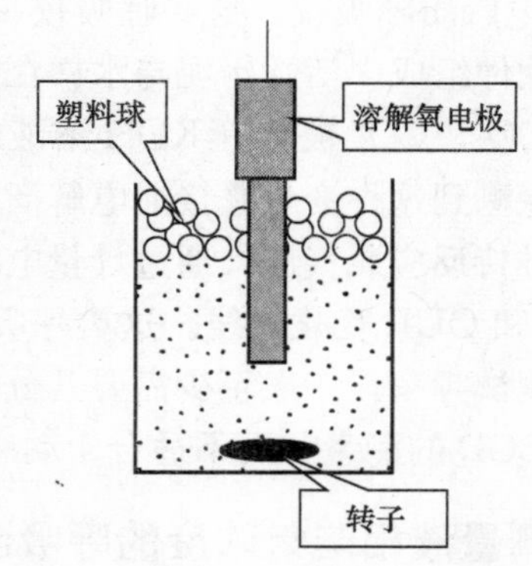

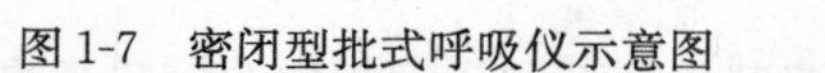
图1-7 密闭型批式呼吸仪示意图　　图1-8 敞口批式呼吸仪示意图

没有外界的氧气传递使这种呼吸仪的原理简单，但存在可能由于反应器内溶解氧浓度过低而限制微生物活性的问题。因此，这种呼吸设备常用于高基质浓度、低微生物浓度［高 $S(0)/X(0)$］的情况。然而，这种情况下的污泥行为不能代表工业化污水处理厂的实际情况［低 $S(0)/X(0)$］。特别是在活性污泥动力学研究中，相关实验都是在非常低的 $S(0)/X(0)$ 条件下进行，一方面为忽略微生物的生长来简化OUR曲线的解析，另一方面为获得更多的参数信息。Watts

等[45]提出采用定期重新曝气的方法来避免溶解氧的限制，Ellis 等[46]建议通过纯氧或加压来使污泥样品过饱和以获得更高的初始溶解氧浓度。但这些做法会使微生物所处的环境不同于其正常生存环境，并且，还要采取密闭措施防止氧气由过饱和的液相向气相传递。

Dircks 等[47]对密闭型批式 OUR 测试仪进行了改进，当反应器内溶解氧浓度低于某个最小值或混合液的停留时间超出了预设的最大值时，就对混合液更新。

各种静态气相-静态液相呼吸仪由于需要经历预曝气—测量这样一个周期，OUR 的测试频率较低，不适用于活性污泥动力学研究[48]。

2. 流动气相-静态液相

流动气相-静态液相呼吸仪是指连续向反应体系中充氧（图 1-9）。由于其避免了氧气的限制，可以用于更高微生物浓度的情况[49]，并缩短了实验时间。液相中溶解氧的平衡方程为

$$\frac{\mathrm{d}S_{\mathrm{O}}}{\mathrm{d}t}=K_{\mathrm{L}}a(S_{\mathrm{O}}^{0}-S_{\mathrm{O}})-r_{\mathrm{O}} \tag{1-3}$$

由方程（1-3）可以看出，如果曝气项 $K_{\mathrm{L}}a(S_{\mathrm{O}}^{0}-S_{\mathrm{O}})$ 过大，将会使混合液中氧气浓度的动态变化不明显，过高的搅拌强度也会增加测量噪声。因此，如何优化曝气以获得最可靠的 OUR 是使用中的关键和难点。另外，$K_{\mathrm{L}}a$ 这一参数也不容易准确测量。

比利时 Gent 大学 Microbial Ecology 实验室开发的 RODTOX（rapid oxygen demand and toxicity tester）呼吸测量仪就是采用这种原理[50]。

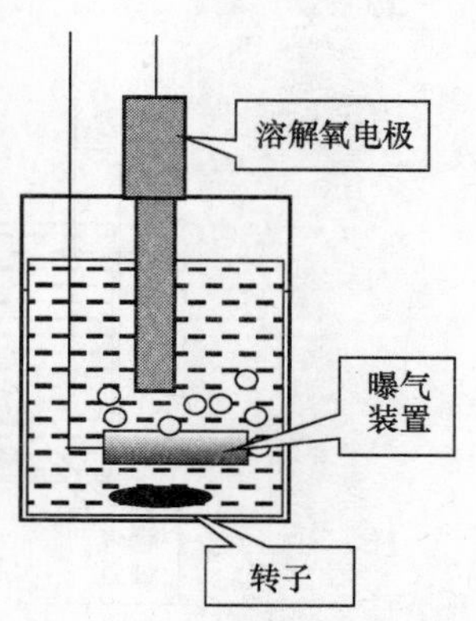

图 1-9 流动气相-静态液相呼吸仪示意图

3. 静态气相-流动液相

曝气混合液连续流过密闭的呼吸反应器，测量进口和出口的溶解氧浓度，对反应器建立如下的溶解氧物料平衡方程即可计算出 OUR：

$$\frac{\mathrm{d}S_{\mathrm{O}}}{\mathrm{d}t}=\frac{Q}{V}(S_{\mathrm{O,in}}-S_{\mathrm{O}})-r_{\mathrm{O}} \tag{1-4}$$

使用这种原理进行呼吸测量不需要参数 $K_{\mathrm{L}}a$。混合液在反应器内的停留时间（V/Q）需要精心选择以避免出现溶解氧浓度过低、微生物反应受限的情况。这种呼吸仪的缺点是相差较小的进、出口溶解氧浓度需要用两个不同的溶解氧电极来测定，电极漂移可能引起 OUR 数据的误差。为此，Spanjers[51]提出通过频繁周期性改变混合液流向来实现利用一个溶解氧电极测定进、出口溶解氧浓度

（图 1-10）。但这对所使用的溶解氧电极响应时间提出了更高的要求，进而造成测试频率更低。

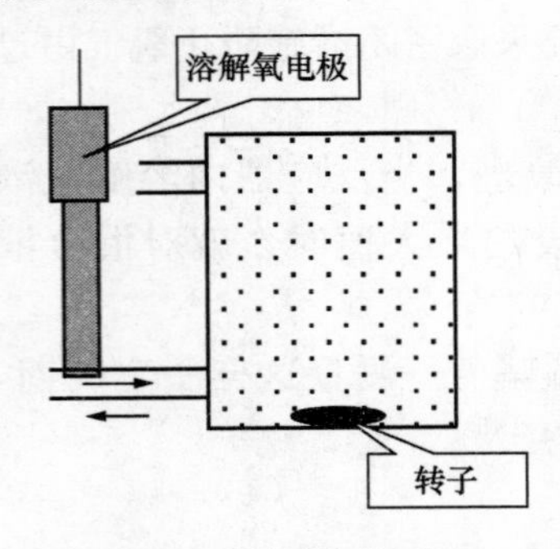

图 1-10　静态气相-流动液相呼吸仪示意图

荷兰 Wageningen 农业大学环境技术系开发的 RA-1000 呼吸测量仪就是基于静态气相-流动液相的呼吸测量原理[52]。

4. 混合型呼吸仪

Vanrolleghem 等[48]提出了混合呼吸测量原理的理论模型。该呼吸仪由 1 个敞口的曝气室、1 个密闭的呼吸室和 2 个溶解氧电极组成（图 1-11），综合了静态气相-流动液相和流动气相-静态液相两种呼吸测量原理，具有两种呼吸仪的优点而相互弥补了对方的不足：①整个系统可以视为动态气相-静态液相呼吸仪，适用于较高微生物浓度且避免了溶解氧限制的情况，2 个电极的使用，使其测试频率更高；②呼吸室相当于静态气相-动态液相呼吸仪。

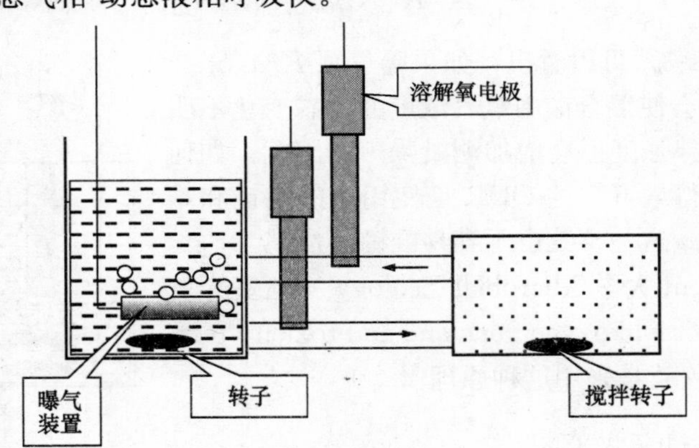

图 1-11　混合呼吸测量原理概念图

1.4　废水 COD 组成及其组分划分

1.4.1　废水 COD 的组成特性

1. 物理化学特性

在早期的研究中，依据粒径通过沉淀、离心和过滤将废水组分划分为 4 类：可沉淀的、超胶体、胶体和溶解性的，粒径小于 1.0μm 近似为真正的溶解性组分，并且能够比粒径大于 1.0μm 的物质更快地生物降解[53]。Levine 等[54]得到

0.1μm的膜能够有效分离溶解性和颗粒性组分，粒径小于0.1μm的主要是细胞碎片、病毒、大分子和混合物。尽管将大分子表征为溶解性、胶体或颗粒组分在物理-化学一致性上还存在着持续的争论，但从微生物生理学的角度考虑，溶解性分子必须是足够小，能够通过传质膜的孔蛋白（典型内孔径约1nm，相当于分子量 600～5000Da*）。因此，废水中的特征粒径定义如下：溶解性：小于1nm，胶体：1nm～1μm，超胶体：1～100μm，沉淀物：大于100μm[55,56]。调查显示，城市污水处理厂进水中大部分或者是颗粒性（粒径大于1μm，占40%），或者是溶解性（小于1000名义分子量，占40%），而出水中约73%是溶解性的（小于1000名义分子量或小于1nm）。Levine等[57]的研究表明，未处理的城市污水COD中粒径小于1nm为18%～50%，1nm～1μm为9%～16%，粒径大于1μm为43%～63%，二沉池出水COD中粒径小于1nm为74%～79%，1nm～1μm为2%～5%，粒径大于1μm为19%～31%。Hu等[58]的研究表明，经沉淀的原始废水COD中粒径小于1nm为38%，1nm～1μm为21%，粒径大于1μm为41%，二沉池出水中粒径小于1nm为73%，1nm～1μm为19%，粒径大于1μm为8%。

2. 生物学特性

生物可降解COD组分的提出是由于人们观察到COD中有不可降解组分的存在。长泥龄污水处理系统中异养菌X_H真正的平均生长速率比所有单一异养菌的最大比增长速率都要小，所以X_H的种群丰富，各种可生物降解COD都能被降解，因而只用一个Monod函数（单基质）模型就能够描述异养菌生长和基质浓度之间的关系。但在短泥龄系统中，实际生长速率很高，只有能够支持这种高生长速率的基质才能被降解[59]。Dold等[60]提出的双基质模型认识到废水中大量的有机物应根据其明显不同的生物降解速率分为两个主要的大类（快速降解COD和慢速降解COD），为了对这两类COD进行区别和机理描述，这种方法被进一步发展。

理论上，所有的有机物都能被微生物降解，严格“不可生物降解”的物质是不存在的。导致有机物不可生物降解的原因可能是：①反应速率非常慢，在处理系统的停留时间内没有被降解；②没有降解它们的生物酶；③受到环境中其他物质的抑制。这些因素对于纯培养液或处理特定污染物的系统有较大影响，但在城市污水处理系统中，微生物种群非常丰富，应该能够适应进水，所以在这个领域范围内把部分物质定义为“不可生物降解”是合理的[61]。

---

* $1Da=1.66054\times10^{-27}kg$。

1.4.2　ASMs对废水COD组分的划分

基于对城市污水COD组分的物理化学和生物学特性的认识，自1980年开始把废水COD划分为微生物体、易降解COD、慢速降解COD和不可生物降解COD的尝试[60]。1986年以来，IWA陆续推出的4套ASMs对城市污水COD组分划分理论和方法进行了发展和应用，并随着模型在各种条件下的成功应用而得到实践检验并被广泛接受。IWA的ASMs中城市污水COD的组分划分如图1-12所示。

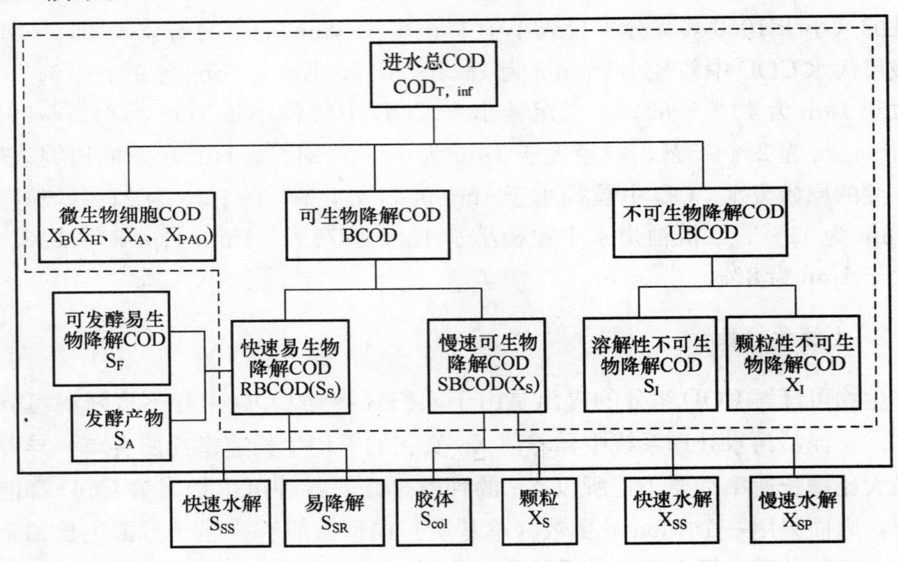

图1-12　废水COD组分划分

虚线框内为ASM1的组分，实线框内为ASM2和ASM2d组分，框外为少数研究人员提出的新的组分

在ASMs中，进水总COD首先被区分为活性生物体COD和有机质COD。活性生物体包括自养菌、异养菌和聚磷菌，这些组分由于在常规城市污水中含量较少而常被忽略。对于有机基质，第一层次的划分是依据其生物可降解性，划分为可生物降解基质和不可生物降解基质。不可生物降解组分代表那些不能反应或反应非常慢以致其降解在污水处理系统中可忽略的物质，这部分物质依据其粒径被进一步划分为溶解性惰性物质S_I和颗粒性惰性物质X_I。

S_I：在ASMs中，S_I被认为在活性污泥系统中不发生变化，直接流出系统；

X_I：来源于进水或微生物衰减，能够被污泥捕集而通过剩余污泥排放来去除。

在生物可降解组分内，有机物依据降解速率划分为快速易降解基质RBCOD

(S_S) 和慢速降解基质 SBCOD (X_S)，这种划分最初是为了解释系统的好氧动力学。已经证明，这种划分对预测设计方案脱氮除磷功能和控制策略开发非常重要[62~67]。实验表明，RBCOD 和 SBCOD 的降解速率相差约 1 个数量级，尽管划分后的 S_S 和 X_S 各自包含生物降解速率不同的物质，但相对于 RBCOD 和 SBCOD的降解速率差异，组分内的差异已经不具有现实上的重要性[68]。

SBCOD：SBCOD 可能由细小颗粒物、胶体物质和溶解性复杂有机大分子组成，对于工业废水，一般三者都有，而对于生活污水，SBCOD 仅由前两者组成。因为胶体物质能够被活性污泥很快吸附而从液相中去除，其归宿必定与颗粒物相联系，所以模拟生物反应器可以把所有的胶体和颗粒性可降解 COD 归为 SBCOD[61]。这类物质在被细胞吸收之前必须进行胞外水解。

RBCOD：被假定为由相对较小的分子组成（如 VFA 和低分子量的碳水化合物)，很容易进入细胞内部并引起电子受体（O_2 或 NO_3^-）被利用的快速响应。为了模拟生物除磷过程，RBCOD 又被划分为发酵产物 S_A 和可发酵的易生物降解有机物 S_F。S_F 可由异养菌直接降解[69]。

S_A：在 IWA 的 ASMs 中，对所有化学计量学计算，假定 S_A 是乙酸，但事实上还包括其他发酵产物。在废水处理领域，短链脂肪酸 SCVFA 和 VFA 具有相同的含义[70]，一般指碳原子数≤6 的脂肪酸[71]。甲酸不支持强化生物除磷，己酸可忽略，因此，SCVFA 主要是 2～5 个碳原子的脂肪酸[72]。Lie 等[73]的发酵实验发现产物主要是乙酸，其次是丙酸，有时会有丁酸和异丁酸。表 1-4 列出了预发酵器中的 SCVFA 组成，表 1-5 列出了各种 SCVFA 的分子式、摩尔质量和 COD 当量[72]。

表 1-4 预发酵器中 VFA 的典型组成及其 COD 当量

乙酸 /%	丙酸 /%	丁酸 /%	戊酸 /%	其他酸 /%	总和 /%	VFA-COD（按 100%计算）(g COD/g VFA)
38	36	16	10	—	90	1.38
43	41	8	—	—	92	1.33
70	25	5	—	—	100	1.22
56	30	7	0	7	93	1.27
71	24	3	3	—	101	1.22
61	27	7	—	—	95	1.25
55	45	0	0	—	100	1.27
49	33	13	6	—	101	1.37
63	25	12	—	—	100	1.27
平 均						
56	32	8	2	—	98	1.28

表 1-5　短链 VFA 的特性及其 COD 当量

名称	分子式		摩尔质量/(g/mol)	COD 当量（g COD/g 酸）
甲酸	HCOOH	CO_2H_2	46	0.348
乙酸	CH_3COOH	$C_2O_2H_4$	60.05	1.067
丙酸	CH_3CH_2COOH	$C_3O_2H_6$	74.08	1.514
丁酸	$CH_3(CH_2)_2COOH$	$C_4O_2H_8$	88.11	1.818
戊酸	$CH_3(CH_2)_3COOH$	$C_5O_2H_{10}$	102.13	2.039
己酸	$CH_3(CH_2)_4COOH$	$C_6O_2H_{12}$	116.16	2.207

1.4.3　讨论

（1）在 ASM 的组分划分中，溶解性和颗粒性的区分并非依据粒径，而是依据其在活性污泥系统中的行为，认为颗粒组分和活性污泥有关（絮凝到活性污泥上），而溶解性组分只在水中进行迁移。IWA 特别说明这两类物质可以不必像文献中通常假定的那样，通过 0.45μm 的膜过滤来区分。也正是因为没有规定统一的测试方法，造成现在分离方法的多样性（过滤、絮凝、超滤、离心等），并导致结果的不可比性。

（2）虽然在 ASM 中用“$S_?$”表示溶解性，“$X_?$”表示颗粒性，但 S_S 和 X_S 只有降解速率之分，而没有溶解性和颗粒性的内涵存在。然而，在模型应用中，为实现组分的定量确定和模型的运算，把 S_S 和 X_S 认为是溶解性和颗粒性，尽管已知部分溶解性物质是慢速可生物降解的，但是还是使用了物理化学方法来测定这些组分。由于污染物的物理化学性质和生物学性质并非一致，因而引发了双重废水表征的问题[74]。

（3）水质组分是一个不断发展的概念，过于详细的划分会带来应用上的困难，因此组分划分应与一定时期的条件和需求相适应。如 ASM2 为满足生物除磷过程的需要把 S_S 划分为 S_A 和 S_F；如果把“S_S”认为是溶解性可生物降解基质，有人提出把其划分为易生物降解基质 S_{SR} 和快速水解物质 S_{SS}（图 1-4）[75]。Orhon 等[76]将 S_S 进一步划分为第一快速降解基质 S_{S1}、第二快速降解基质 S_{S2} 和第三快速降解基质 S_{S3}，并证明了在某些特定废水中，这种划分也是适用的。ASMs 基于胶体物质会被污泥快速吸附这样一种认识，没有对慢速生物降解基质 SBCOD 进一步划分，认为 SBCOD 与颗粒性可生物降解COD（X_S）等价。但事实上，SBCOD 包括胶态 COD（S_{col}）和颗粒性 COD（X_S），不区分这两者也许对活性污泥系统的模拟没有明显影响，但会给初沉池的模拟引入很大的误差。因为 S_{col} 是不可沉淀的，不会被初沉池去除。还有人提出，由于 X_S 含有大量粒径和性质不同的物质，很难用一个水解速率来描述其水解过程，因此提出将其进一步划分为快速水解 COD（X_{SS}）和慢速水解 COD（X_{SP}）[77]。Orhon 等[29,76]认为废水中的慢速可生物降解物质 SBCOD（X_S）的水解过程符合双水解过程动力学模型，而非 ASMs 的单组分表面限制型反应动力学模型。由此也提出将 X_S 根据水解速率的快慢分为快速水解基质 S_{H1} 和慢速水解基质 X_{S1}。这两种水解基质的反应动力学方程形式上均符合 Monod 方程，但两者之间的参数存在着较大差异，同时双水解模型的水解动力学参数与表面限制型水解动力学参数之间也存在着非常明显的差异。这种现象在工业废水中尤为突出，但在某些生活废水中也存在。上述观点也得到了 Lagarde 等的认同[78]，Lagarde 等认为，慢速可生物降解物质的水解过程首先受限于其被微生物吸附的过程，快速水解基质能迅速被微生物体吸附，通过胞外水解酶进行水解降解，而慢速水解基质则反之。图 1-13 为其提出的两种物质吸附、水解示意图，表 1-6 为通过实验研究的某一污水水样 SBCOD 基质两步水解的动力学参数的比较。

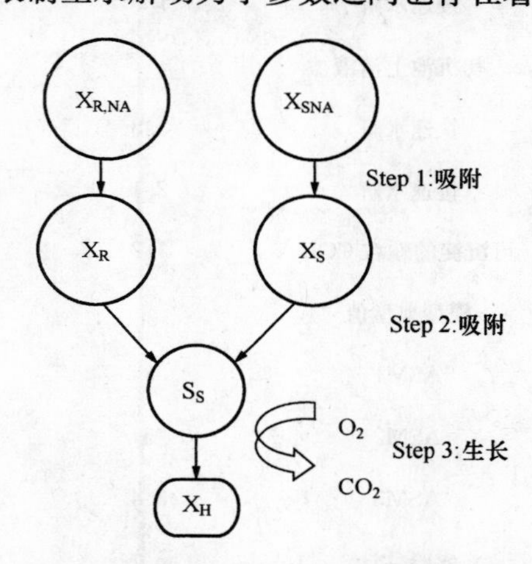

图 1-13 所选模型的 COD 降解机理图[29]

表 1-6 某种污水的两步水解动力学参数[76]

水样编号	双水解模型				单水解模型			
	快速水解 COD S_H		慢速水解 COD S_H		平流式沉淀池出水		化学沉淀出水	
	K_{hs}/d^{-1}	K_{xs}/d^{-1}	K_{hx}/d^{-1}	K_{xx}/d^{-1}	K_h/d^{-1}	K_x/d^{-1}	K_h/d^{-1}	K_x/d^{-1}
1	0.7	0.1	0.3	0.1	0.6	0.15	1.0	0.15
2	1.4	0.1	0.1	0.1	0.5	0.15	0.6	0.1
3	1.6	0.4	0.2	0.1	1.3	0.4	1.6	0.5
4	0.6	0.1	0.2	0.1	0.7	0.1	0.8	0.1
5	1.2	0.2	0.6	0.5	1.0	0.2	1.3	0.2
6	1.1	0.1	0.25	0.2	0.8	0.2	1.2	0.1
平均	1.1	0.2	0.3	0.2	0.8	0.2	1.1	0.2

Okutman 等研究了生活污水的双水解速率常数（表 1-7），在两步水解提出的水解速率常数中，第一步水解要比一级水解速率快出将近 20%，而第二步的

慢速水解速率则不到一级水解速率的50%[79]。

表1-7 生活污水的水解速率常数

类型	k_h/d^{-1}	K_X/(gCOD/gcellCOD)	参考文献
原水			
快速水解	3.8	0.2	[79]
慢速水解	1.9	0.18	[79]
初沉池上清液			
快速水解	3.8	0.2	[79]
慢速水解	2.1	0.3	[79]
可沉淀的颗粒COD	1.2	0.1	[79]
模型典型值			
ASM1	3	0.03	[13]
ASM2	3	0.1	[80]
ASM3	3.4	1	[16]
实验估计			
单水解	2.6	0.45	[27]
双水解			
快速水解	3.1	0.2	[76]
慢速水解	1.2	0.5	[76]

(4) 从物理化学的角度来看，城市污水COD中必然含有胶态COD，但在ASMs的组分划分中，对这种组分的认识还存在以下问题：①胶态COD的可生物降解性；②在大多数活性污泥系统中对胶态COD的吸附是几乎完全的假设的合理性；③活性污泥过程中胶态物质的生成是否明显；④何种类型的活性污泥系统（如接触稳定池、滴滤池、极低SRT的系统）对胶态物质吸附不完全[61]。

(5) 随着组分划分的发展，一些新的划分方法和新的组分没有包含在现有的ASMs中，但ASMs作为一个开放式的基础开发平台，允许将新的发展引入其中来对其进行修改和完善，所以应该可以把这些新的组分增加为ASMs组分，但需要解决相关的化学计量学和动力学问题。

1.5 废水COD组分测试方法

1.5.1 易生物降解组分RBCOD(S_S)

1. 好氧呼吸测量法

呼吸测量由于全程记录了活性污泥系统中基质降解的OUR瞬变响应，所得的OUR曲线包含大量的组分信息，因而成为最重要的生物表征方法。一条完整的OUR曲线如图1-14所示，4个区域依次对应RBCOD氧化、硝化、SBCOD氧化和内源呼吸。可以利用式（1-5）所述的化学计量关系来确定它们：

$$-\frac{\mathrm{d}s}{\mathrm{d}t}(1-Y_{\mathrm{H}})=\mathrm{OUR}\Rightarrow-\int_{S_0}^{0}\mathrm{d}s=\frac{\int_{t_1}^{t_2}\mathrm{OUR}\mathrm{d}t}{1-Y_{\mathrm{H}}}\Rightarrow S_0=\frac{\int_{t_1}^{t_2}\mathrm{OUR}\mathrm{d}t}{1-Y_{\mathrm{H}}} \tag{1-5}$$

式中，S_0为基质的初始浓度，mg/L；Y_{H}为异养菌的产率系数。

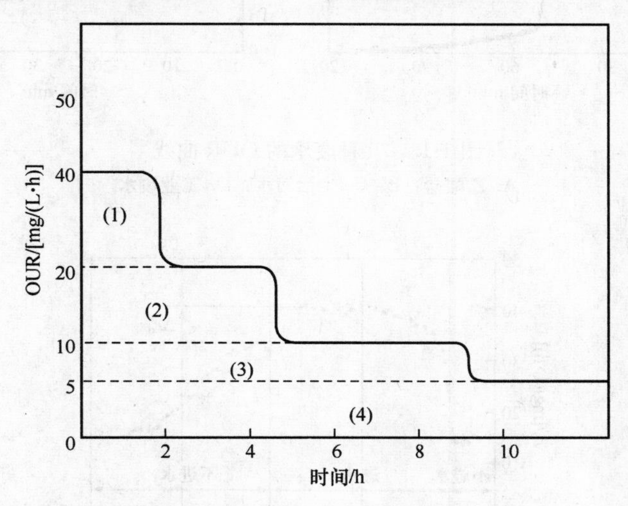

图1-14 理想OUR曲线示意图

OUR法测RBCOD最典型的批实验是向内源呼吸的污泥中投加待测废水，然后监测呼吸速率直至重新回到内源呼吸。图1-15是一些研究人员用批实验测得的不同废水的OUR曲线[33]。

Ekama等[22]提出了一种方法来测定RBCOD：废水以日循环方波的模式进入完全混合反应器。在进水期间，随进水流入的RBCOD使反应器内的OUR维持在一个较高的值，当停止进水后，SBCOD以恒定的速率水解一段时间，产生的RBCOD对应另一个较低的OUR平台（图1-16），则进水的RBCOD可由式（1-6）计算：

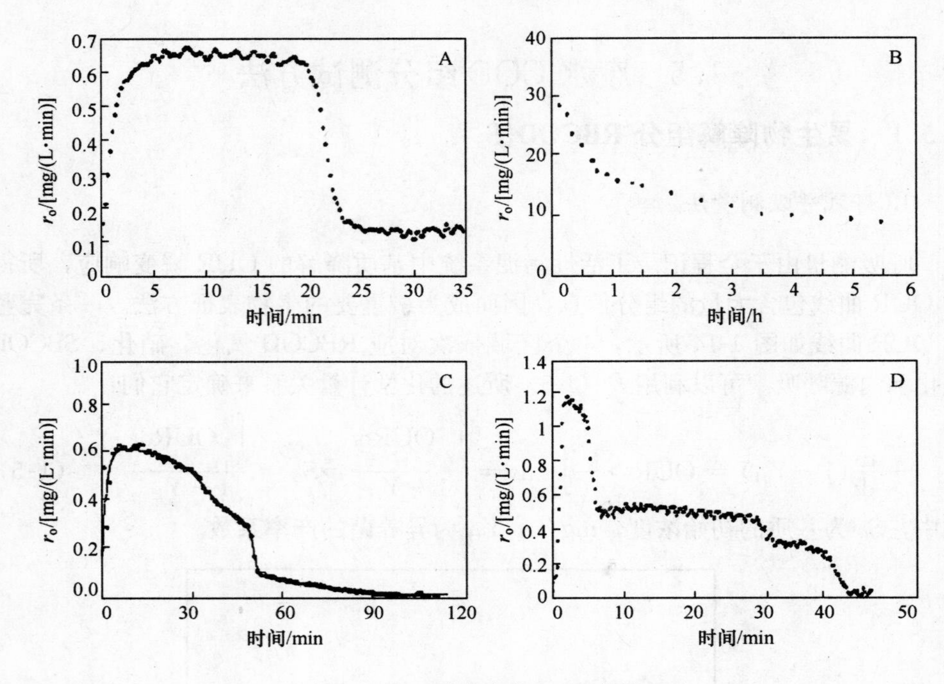

图 1-15　几种废水的OUR曲线

A. 乙酸盐；B、C. 生活污水；D. 工业废水

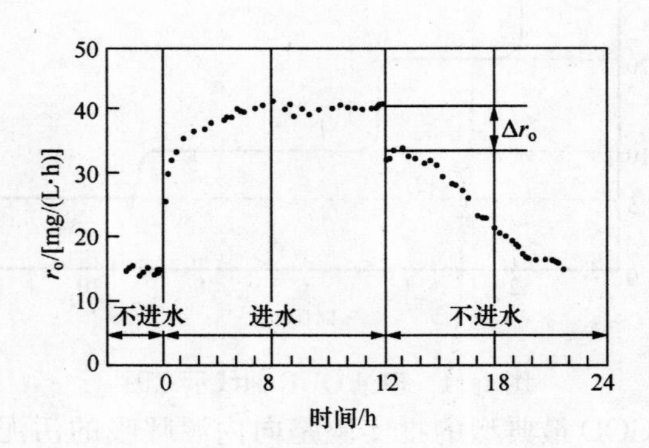

图 1-16　日环方波进水得到的OUR曲线

$$S_S=\frac{V}{Q}\frac{\Delta r_o}{1-Y_H} \tag{1-6}$$

这种方法的缺陷是实验时间长，除反应器稳定时间外，仍需24h，还需要足够的SBCOD以维持恒定的水解速率来产生RBCOD以获取第2个OUR平台，因此，在现实中很难实现[81]。

Spanjers 等[52]利用在内源呼吸和投加废水两种运行模式之间变换时获得的呼吸速率的变化来测定 RBCOD；Lukasse 等[82]改进了这种方法。Witteborg 等[67]使同样的呼吸仪在低、中、高负荷下运行，测量每种负荷下的 OUR，建立呼吸仪中 RBCOD 的物料平衡方程，对方程求解即可得 RBCOD。但这种方法的误差较大（15%），并且需要事先知道 Y_H 和半饱和系数 K_S 的值，由于文献作者没有测定实验中的 Y_H 和 K_S，而采用了模型校核的方法来获得 Y_H 和 K_S，因此无法查明误差的来源。另外，作者并没有明确中等负荷和高负荷的确切值（或范围），也未能说明负荷变化是否会对结果有影响，以及是否存在最优的负荷条件。

Wentzel 等[23]提出了一种测量 RBCOD 的更简单的好氧批式方法。使用非沉淀废水，不需接种污泥，用废水中原有的微生物进行好氧呼吸，用自动设备连续监测 OUR。其优点是不需外来污泥，可以同时测定原水的 RBCOD 和 X_H。

由于常规的 OUR 实验中 RBCOD 的降解、SBCOD 的水解和内源呼吸同时发生，实验必须进行完全，导致所需时间较长（2～3h），并且由于计算中用到的参数 Y_H 值不易测得，直接使用典型值也会导致误差。因此，Xu 等[83]提出了一种较为简单的“单一 OUR”方法，与常规 OUR 法的对比研究表明，两者的相关系数达到 0.989。Ziglio 等[84]对这种方法进行了实验验证，认为一旦校核曲线建立，这种方法只需 30min，与 Ekama 等[22]的技术相比，两者误差小于 2%，重现性检验表明误差小于 6%。这种方法的特点是快速、不需 Y_H 值，适合于大量样品的批量测试。Melcer 等[61]却认为：由于该方法需要建立校核曲线，还需反复实验确定合适的稀释比，以防止实验中 O_2 被消耗完，这些额外的要求使得这种改进并无多大的优势。

在国内，陈莉荣等[85]对比了物化法和呼吸测量法，认为物化法可以代替呼吸测量法；周雪飞等[86]的研究却发现这两种方法的结果有一定差异，然而相关性很好，RBCOD(OUR)＝0.81RBCOD（絮凝）。黄勇等[87]利用批式 OUR 测定了初沉出水的 RBCOD，认为此方法简便、可靠，也能用于测定 SBCOD。

2. 缺氧呼吸测量法

缺氧条件下，异养菌可以利用 NO_3^--N 作为电子受体氧化有机物。与 OUR 类似，硝酸盐利用速率（nitrate utility rate，NUR）也可以用来测定RBCOD，其转换关系为

$$S_0 = \frac{2.86\int_{t_1}^{t_2}\mathrm{NUR}\,\mathrm{d}t}{1-Y_H} = \frac{2.86}{1-Y_H}\Delta N \tag{1-7}$$

式中，ΔN 为反硝化的 NO_3^--N 量；Y_H 为异养菌的产率系数；2.86 是指 1gNO_3^--N

还原为 N_2 的电子接受量相当于2.86g氧气，这一系数已经被Copp等[42]用实验加以证实。

用于测定生活污水中可降解COD的典型NUR曲线如图1-17所示[88]。Naidoo等[89]用这种方法研究了欧洲城市污水处理厂中的废水和污泥，发现NUR曲线一般有3个速率段：速率1对应于RBCOD的利用，速率2对应SBCOD的利用，速率3对应内源呼吸。Cokgor等[42]对OUR和NUR进行了对比研究，发现NUR法得到的RBCOD浓度比OUR的高，两者之比为1.14。

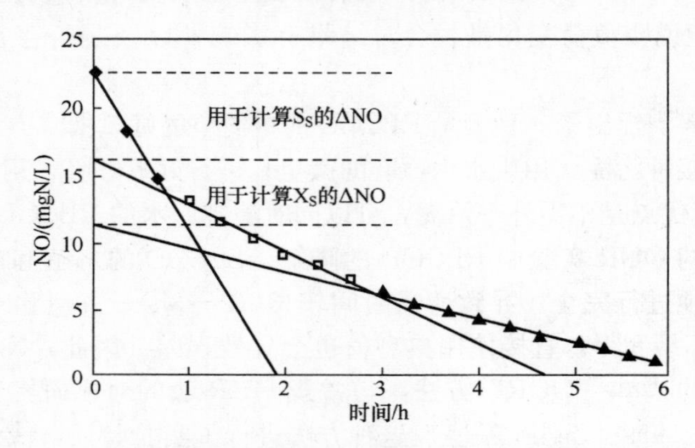

图1-17 用于确定RBCOD和SBCOD的典型NUR曲线

（1）在通常的NUR测试中用好氧 Y_H 代替缺氧产率系数 Y_{HD}，导致结果偏高[42]。事实上 $Y_{HD}<Y_H$，Orhon等[90]根据代谢过程热力学从理论上证实了这种现象，McClintock等[91]和Sperandio等[92]在实验中观测到这种差别；Naidoo等[89]用已知RBCOD浓度来计算得到 $Y_{HD}=0.57\sim0.71$，均值为0.64。

（2）在NUR测试中，考虑到 NO_2^--N的累积，NO_3^--N的实际消耗量比测定的小，应该对任意时刻的 NO_3^--N的浓度作调整，即 NO_x^--N$=$$NO_3^-$-N$+0.6NO_2^-$-N。

（3）NUR测试特性决定其在低浓度时的灵敏度不高，因此实际应用远不如OUR广泛。

3. 物理化学法

生物法测试RBCOD(S_S)较复杂，所以物理化学方法也得到了较多的研究与应用。如荷兰应用水研究基金会（STOWA）在其水质表征标准化方法中就采用了物理化学法。事实上，物理化学法并不能直接测试RBCOD，一般是用来分离溶解性和颗粒性COD，然后用溶解性COD与溶解性惰性COD（S_I）之差来计算RBCOD。物化法与生物法的一致性受到分离方法和废水特性的影响，还在不

断研究中。Dold 等[93]发现，对于城市污水，用分离值小于 10000 分子量的超滤膜过滤得到的 RBCOD 与传统生物法的结果较接近；Bortone 等[94]却发现，对于纺织废水，用同样滤膜得到的 RBCOD 低于生物法；Sollfrank 等[81]发现部分溶解性 COD 是慢速生物降解的；Mamais 等[24]证实，对于 4 种废水，絮凝过滤得到的 RBCOD 与生物法相似；Torrijos等[95]的研究证实，用 0.1μm 滤膜得到的结果较为准确，通过呼吸测量证实过滤后的废水无 SBCOD；而 Spanjers 等[96]发现 0.45μm 滤膜过滤的废水的生物学响应比原水低，表明易生物降解基质被截留在滤膜上。从这些研究结果很难得出一致的结论，不同的废水需要专门的研究。

1.5.2 挥发性脂肪酸组分的测定

一般而言，废水中 S_A 主要指的是挥发性脂肪酸（VFA），它主要包括甲酸、乙酸、丙酸、丁酸等[70]，是厌氧消化过程中的重要中间产物。有机物质在厌氧酸化阶段的主要产物就是 VFA，甲烷菌主要利用 VFA 形成甲烷。通过对酸化过程中 VFA 的监测可以很好地了解有机物质的降解进程，反映出甲烷菌的活跃程度或反应器的运行情况，较高的 VFA 浓度不仅对甲烷菌有抑制作用，对有机物质的降解也有抑制作用。厌氧工艺的正常运行要求系统的产酸和产甲烷作用处于动态平衡以维持反应器内 pH 恒定（6.6～7.4）；否则，VFA 积累使 pH 过低将导致系统运行失败[97]。由于厌氧反应器内存在多种缓冲体系，缓冲作用使得 VFA 在一定程度内的积累不能在 pH 上得到及时反映，因此灵敏、快速的 VFA 的分析方法对于控制厌氧反应器的运行显得非常必要。

生物除磷方面，在厌氧条件下微生物从聚磷分解中获取能量，将污水中的易降解有机物（如 VFA）转化为聚β-羟基丁酸（PHB），作为碳源储存于胞内；在好氧条件下，微生物氧化胞内储存的碳源并以此为能量过度吸磷[98,99]。为了实现对生物除磷过程的模拟，ASM2 和 ASM2d 进一步把 S_S 划分为可发酵 COD（S_F）和发酵产物 VFA（S_A）。尽管 VFA 包括碳原子数为 1～6 的脂肪酸，但在 ASMs 中，对所有的化学计量学计算，假定 S_A 是乙酸。作为 ASMs 重要的进水 COD 组分，VFA 被认为是聚磷菌的唯一碳源，是模型应用必需的初始输入条件。因此 ASMs 的提出和应用对 VFA 的测量提出了新的需求。

Munch 等[71]在滴定法测量厌氧过程的 VFA 浓度方面已经做了一些工作。但 Melcer 等[61]认为由于这种方法对于低浓度不灵敏，因而不适合于废水，最有效的方法是气相色谱（GC）和离子色谱（IC），STOWA 则认为两种方法均可[30]。目前还没有测定 S_F 的好方法，一般是用 RBCOD 与 S_A 的差来计算。

1. 滴定法测定 VFA

滴定法测量废水中 VFA 浓度主要是基于弱酸碱平衡原理提出的，其涉及缓冲体系的问题。所谓缓冲溶液是指在该溶液中加入少量的强酸或强碱，或将溶液稍加稀释，溶液的 pH 基本上保持不变。而缓冲强度 β 是衡量缓冲溶液缓冲能力的指标，是使 1L 溶液的 pH 增加 dpH 单位，需加入强碱 db(mol)，或使 1L 溶液的 pH 减少 dpH 单位需加强酸 da(mol)：

$$\beta=\frac{\mathrm{d}b}{\mathrm{dpH}}=-\frac{\mathrm{d}a}{\mathrm{dpH}} \tag{1-8}$$

图 1-18 是通过研究碳酸盐（C_T）和乙酸盐（A_T）组分的缓冲体系，得到的 C_T 和 A_T 的缓冲强度和 pH 的关系图。对于任何两点 pH 滴定，缓冲强度曲线的面积等于在滴定过程中所投加酸或碱的量；从图 1-18 可以看出，在 6.7＜pH＜7.6 时，VFA 体系对缓冲强度影响较小，但在 4.25＜pH＜5.25 却产生较大影响。由于在 4.25＜pH＜5.25 的范围内 HCO_3^- 对溶液缓冲强度也有较大的影响，当使用酸滴定到某两个 pH 点时（如 VFA 的 pK 附近），所消耗的酸代表了 HCO_3^-/CO_2 和 AC^-/HAC 体系在该范围内总的接受质子的能力。

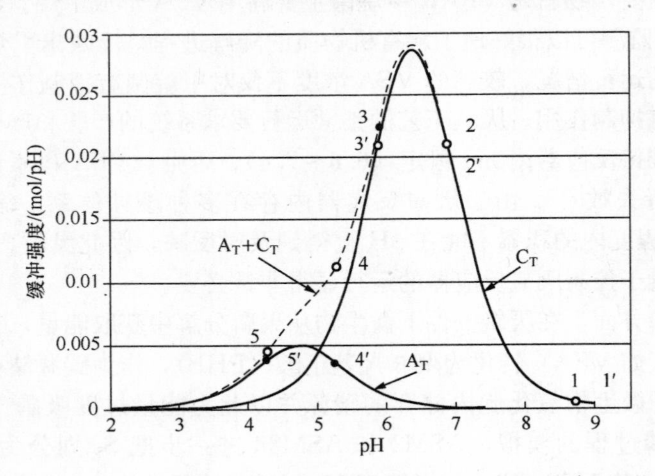

图 1-18　C_T 和 A_T 的缓冲能力与溶液 pH 的关系曲线

1）两点 pH 滴定法

DiLallo 等[100]提出了测定 VFA 浓度的滴定方法。为了避免 CO_3^{2-} 和 VFA 缓冲强度曲线相互交错，首先用标准酸将溶液滴定到 pH＝4.0，此时所有的 CO_3^{2-} 物质都以 CO_2 的形式存在，并记录下所消耗酸的量，再滴定到 pH＝3.3～3.5，将水样轻微煮沸 3min 以彻底去除 CO_2。此后加入标准强碱，记录下 pH 从 4.0 到 7.0 所投加碱的量，所消耗碱的量相当于总 VFA 的 80%。当测试 VFA 浓度大于 180mg/L 时需要乘一个 1.5 的系数，但该方法存在诸多不足：①要求投加强碱和强酸并煮沸，增加操作过程复杂程度；②去除 CO_2 同时也造成部分 VFA 损失，损失量取决于 VFA 的浓度和组成；③只建议 3～5min 轻微煮沸，煮沸过程难以标准化，煮沸过程没有考虑水样的挥发；④计算 VFA 浓度时要乘系数，尚缺乏可靠的理论依据。尽管这种方法弊端很多，但常应用于 VFA 浓度较高的情况。

Ripley 等[101]提出，用酸滴定到 pH＝5.75 和 pH＝4.3 分别作为评估 HCO_3^- 碱度和 VFA 碱度，认为在 pH＝5.75 时 80％的 HCO_3^- 被转化为 CO_2，而在此只有 20％VFA 对碱度起作用；在 pH＝4.3 时 80％的 VFA 对碱度起作用。于是 VFA 碱度与 HCO_3^- 碱度之比大致等于滴定到 pH＝5.75 时所需酸的体积与从 pH＝5.75 滴定到 pH＝4.3 所需酸的体积之比。这种方法的优点是简单、快速、低成本，不要求滴定剂是标准酸，也不需要测定水样体积。其缺点是在 pH＝4.3 只有 65％的 VFA 可以滴定出来，在pH＝5.75 时只能滴定出 70％的 HCO_3^- 碱度。

Seghezzo 等[102]提出了一种同时测定 VFA 和碳酸氢盐的滴定方法。首先将水样离心并以滤纸过滤取上清液 VmL，调节 pH 至 6.5；以 0.100mol/L HCl 溶液滴定至 pH＝3.0，酸消耗量计为 ZmL，此时，所有 HCO_3^- 被完全转化为 H_2CO_3，VFA 几乎完全转化为非离子形式。此后，已被滴定至 pH＝3.0 的水样在带回流冷凝器的烧瓶中煮沸 3min 以上，H_2CO_3 将分解为 CO_2 和 H_2O，CO_2 完全逸出，而 VFA 则因回流冷凝而保留在水样中。然后水样以 0.100mol/L 的 NaOH 溶液滴定至 pH＝6.5，碱的消耗量计为 BmL，在此 pH 下，所有 VFA 和其他弱酸被转化为离子形式。由所用 HCl 和 NaOH 标准溶液的量，即可计算出 VFA 和碳酸氢盐碱度：

$$\text{VFA} = \frac{BC_\text{B}}{V} \times 1000(\text{mmol/L}) \tag{1-9}$$

$$\text{碳酸氢盐碱度} = \frac{ZC_\text{A} - BC_\text{B}}{V} \times 1000(\text{mmol/L}) \tag{1-10}$$

式中，C_A 和 C_B 分别为标准酸碱的浓度。

韩润平[103]使用双终点酸碱滴定法（终点 pH 分别为 5.1 和 3.5）同时测定废水中 HCO_3^- 和 VFA 的含量，其原理如下所述。

碳酸的平衡常数表达式为

$$K_1 = \frac{[\text{HCO}_3^-]_I[\text{H}^+]_I}{[\text{H}_2\text{CO}_3]}, \quad I = 0,1,2 \tag{1-11}$$

VFA 的平衡常数表达式为

$$K_2 = \frac{[\text{VA}]_I[H^+]_I}{[\text{HVA}]}, \quad I = 0,1,2 \tag{1-12}$$

式中，K_1、K_2 分别为碳酸和 VFA 的离解常数；$[HCO_3^-]_I$、$[H]_I$、$[VA]_I$、$[HVA]_I$ 分别为滴定前（I=0）、第一终点（I=1）和第二终点（I=2）碳酸氢根、氢离子、游离脂肪酸和质子化脂肪酸的浓度。

$$C_1 = [HCO_3^-]_I + [H_2CO_3]_I \quad I = 0,1,2 \tag{1-13}$$

$$C_2 = [VA]_I + [HVA]_I, \quad I = 0,1,2 \tag{1-14}$$

$$A_1 = [HCO_3^-]_0 + [VA]_0 - [HCO_3^-]_1 - [VA]_1 \tag{1-15}$$

$$A_2 = [HCO_3^-]_0 + [VA]_0 - [HCO_3^-]_2 - [VA]_2 \tag{1-16}$$

式中，A_1、A_2 分别为滴定到第一终点和第二终点时消耗酸的量。将上述各式联立可得

$$A_1 = \frac{[HCO_3^-]_0([H]_1 - [H]_0)}{[H]_1 + K_1} + \frac{[VA]_0([H]_1 - [H]_0)}{[H]_1 + K_2} \tag{1-17}$$

$$A_2 = \frac{[HCO_3^-]_0([H]_2 - [H]_0)}{[H]_2 + K_1} + \frac{[VA]_0([H]_2 - [H]_0)}{[H]_2 + K_2} \tag{1-18}$$

因此可以根据消耗盐酸的量和第一、第二终点的 pH，依据式(1-17)和式(1-18)求得废水中 HCO_3^- 和 VFA 的浓度。通过对水解池水样平行测定 5 次，乙酸钠测定结果的相对标准偏差为 4.5%。

2）四点 pH 滴定法

四点滴定方法涉及 pH＝5.0、4.3、4.0 三个滴定点和初始的 pH，故称四点法。其基本原理[104]：在 pH＝5.0～4.0，除 AC^-/HAC 和 HCO_3^-/CO_2 缓冲体系外，通常不存在其他强烈消耗酸的弱酸碱体系。水样从 pH＝5.0 滴定到 pH＝4.0 时，所消耗的酸取决于水样中 VFA 体系（AC^-/HAC）和 HCO_3^-/CO_2 缓冲体系，因此有方程（1-19）。Kapp 认为氨体系 NH_3/NH_4^+ 的 pH 为 8.95，远超出上面讨论的 pH 范围，同样磷酸盐体系中 $H_2PO_4^-/HPO_4^{2-}$ 的 pH 为 7.2，仅在很小范围影响酸的消耗，因此这些体系可以忽略[71]。

$$VA_{5-4,\mathrm{VFA}} = VA_{5-4,\mathrm{meas}} - VA_{5-4,\mathrm{HCO_3^-}} \tag{1-19}$$

式中，$VA_{5-4,\mathrm{VFA}}$是从 pH＝5 滴定到 pH＝4 过程中，由于 VFA 体系而消耗酸的体积，mL；$VA_{5-4,\mathrm{meas}}$ 是从 pH＝5 滴定到 pH＝4 时投加酸的体积，mL；$VA_{5-4,\mathrm{HCO3}}$是从 pH＝5 滴定到 pH＝4 过程中，由于 HCO_3^-/CO_2 体系而消耗酸的体积，mL。

为了把 VFA 浓度和 $VA_{5-4,\mathrm{VFA}}$联系起来，Kapp 使用当量浓度为 0.1mmol/L 的硫酸，对 20mL 浓度为 0～70mmol/L 的 VFA 溶液进行滴定，经线性回归得方程：

$$VA_{5-4,\mathrm{VFA}} = -0.0238 + 0.09418 \times \frac{\mathrm{VFA}}{60} \tag{1-20}$$

为使其适用于不同当量浓度的滴定剂和不同体积的水样，可用更具一般性的方程表示：

$$VA_{5-4,\mathrm{VFA}} = \frac{0.1}{N}\left(-0.0283 + 0.09418 \times \frac{\mathrm{VFA}}{60}\right) \times \frac{V_s}{20} \tag{1-21}$$

对于碳酸盐体系，Kapp 使用当量浓度为 0.1mmol/L 的硫酸滴定浓度为

400～1000mg/L 的碳酸氢氨，得到一般性公式：

$$VA_{5-4,H_2CO_3} = 0.005 \times (0.044875 + 0.00469 \times [ALK_{measured}]) \times \frac{V_s}{N} \quad (1\text{-}22)$$

在具体操作过程中，首先假定水样中可测定的碱度仅取决于 HCO_3^-/CO_2 的体系，即

$$ALK_{HCO_3^-} = ALK_{meas} = [HCO_3^-] \quad (1\text{-}23)$$

将式（1-19）～式（1-23）联立得

$$[VFA] = \frac{127416 \times N \times VA_{5-4,measured}}{V_s} - 2.99 \times [ALK_{measured}] - 10.6 \quad (1\text{-}24)$$

式中，N 为滴定剂的当量浓度，mmol/L；V_s 为水样的体积，mL；ALK_{meas} 为滴定到 pH＝4.3 时的碱度，mmol/L；ALK_{HCO_3} 为由于 HCO_3^-/CO_2 缓冲体系产生的碱度，mmol/L；VFA 为挥发性脂肪酸的浓度，mg/L。

然后考虑 VFA 体系对碱度的影响［方程（1-25）］，并假定滴定到 pH＝4.3 时 60％的 AC^- 以 HAC 形式存在［方程（1-23）］，得到 VFA 浓度的最终表达式［方程（1-27）］：

$$ALK_{HCO_3^-} = ALK_{meas} - ALK_{VFA} \quad (1\text{-}25)$$

$$ALK_{VFA} = \frac{0.6 \times VFA}{60} = 0.01 \times VFA \quad (1\text{-}26)$$

$$[VFA] = \frac{131340 \times N \times VA_{5-4,measured}}{V_s} - 3.08 \times [ALK_{measured}] - 10.9 \quad (1\text{-}27)$$

式中，ALK_{VFA} 为由于 VFA 体系产生的碱度，mmol/L；ALK_{meas} 与 $VA_{4.3,meas}$ 之间的关系见方程（1-28），$VA_{4.3,meas}$ 为从初始 pH 滴定到 pH＝4.3 时所投加酸的体积，mL。

$$ALK_{meas} = \frac{VA_{4.3,meas} \times N \times 1000}{V_s} \quad (1\text{-}28)$$

Kapp 在研究废水处理厂进水水样时发现，当水样中 VFA 的浓度大于 20mg/L 时，Kapp 滴定法测定的误差为±10％。但 Baucher 指出，如果废水中存在高浓度的酯类物质会导致测定结果高出 40％。对加入乙酸、丙酸或丁酸，VFA 浓度为 0～200mg/L 的去离子水样和废水的测试发现，结果分别平均偏高 2mg/L 和 14mg/L，证实该方法应用到其他具体水样中结果都偏高。原因在于：其一迭代过程中产生误差；其二缓冲体系并非是 Kapp 所设想的；其三没有考虑氨、磷酸盐、硫化物等弱酸碱体系对测定结果的影响。使用经验常数 14 减去方程（1-27）中的常数得到修正的表达式：

$$[VFA] = \frac{131340 \times N \times VA_{5-4,measured}}{V_s} - 3.08 \times [ALK_{measured}] - 25 \quad (1\text{-}29)$$

Kapp四点滴定法实验设备简单、操作方便快捷。通过一个方程就可以求出VFA浓度的绝对值，而此前的滴定法都只能求出其浓度的相对变化值。但该方法是基于特定溶液中的离子强度、温度、酸碱缓冲体系所提出的经验公式，缺乏应用的普遍性。

3）五点pH滴定法

五点pH滴定法是Moosbrugger等[105]基于弱酸碱缓冲体系理论提出的。其基本原理是投加V_x强酸后溶液中碱度的物质的量［方程（1-30）］与此时溶液中所有可以接受质子物质的量［方程（1-31）］的代数和相等。

$$M_{\text{total alk}_x}=V_eC_a-V_xC_a \tag{1-30}$$

式中，$M_{\text{total alk}_x}$为投加V_x标准强酸后的碱度，mol；V_e为滴定到碱度终点时所投加标准强酸的体积，L；V_x为用强酸滴定到pH＝pH_x时所投加强酸的体积，L；C_a为标准强酸的浓度，mol/L。

$$\begin{aligned}M_{\text{total alk}_x}=&\{[HCO_3^-]_x+2[CO_3^{2-}]_x+[A^-]_x+[OH^-]_x\\&+[\text{const}]_x-[H^+]_x\}\times(V_x+V_s)\end{aligned} \tag{1-31}$$

式中，$[Y]_x$为投加V_x标准强酸后Y物质的浓度；const为pH＝pH_x时磷酸盐、硫化物、氨体系和水可接受质子浓度的代数和；V_s为水样的体积。

基于溶液中各个弱酸体系的平衡方程和物料方程［如方程（1-32）～方程（1-34）］为

$$K'_{C1}=\frac{(H^+)_x[HCO_3^-]_x}{[H_2CO_3]_x} \tag{1-32}$$

$$K'_{C2}=\frac{(H^+)_x[CO_3^{2-}]_x}{[HCO_3^-]_x} \tag{1-33}$$

$$C_T=[H_2CO_3^*]_x+[HCO_3^-]_x+[CO_3^{2-}]_x \tag{1-34}$$

式中，（）表示活度；［］表示浓度；K'为通过德拜修格尔修正后的平衡常数。

$$K'_A=\frac{(H^+)_x[A^-]_x}{[HA]_x} \tag{1-35}$$

$$A_T=[HA]_x+[A^-]_x \tag{1-36}$$

将方程（1-32）～方程（1-34）和方程（1-35）、方程（1-36）联立可得以下方程：

$$[HCO_3^-]_x=\frac{C_T}{1+\dfrac{K'_{C2}}{(H^+)_x}+\dfrac{(H^+)}{K'_{C1}}}\frac{V_s}{V_s+V_x} \tag{1-37}$$

$$[CO_3^{2-}]_x=\frac{K'_{C2}C_T}{(H^+)_x+K'_{C2}+\dfrac{(H^+)^2}{K'_{C1}}}\frac{V_s}{V_s+V_x} \tag{1-38}$$

$$[A^-]_x=\frac{A_TK'_A}{(H^+)_x+K'_A}\frac{V_s}{V_s+V_x} \tag{1-39}$$

将方程（1-37）～方程(1-39) 代入方程（1-31）中得到

$$M_{alk_x}=\left\{C_T\frac{V_s}{V_s+V_x}F_{n1}(pH)_x+A_T\frac{V_s}{V_s+V_x}F_{n2}(pH)_x+\frac{10^{-(14-pH_x)}}{f_m}+[const]_x-\frac{10^{-pH_x}}{f_m}\right\}\times(V_s+V_x) \tag{1-40}$$

式中，$F_{n1}(pH)_x=\dfrac{1}{1+\dfrac{K'_{C2}}{(H^+)_x}+\dfrac{(H^+)}{K'_{C1}}}+\dfrac{2K'_{C2}}{(H^+)_x+K'_{C2}+\dfrac{(H^+)^2}{K'_{C1}}}$；$F_{n2}(pH)_x=\dfrac{K'_A}{(H^+)_x+K'_A}$；$f_m$ 为活度系数。

又由于投加 V_x 强酸后溶液中碱度的物质的量［方程（1-30)］与此时溶液中所有可以接受质子物质的量［方程（1-31)］的代数和相等，得以下方程：

$$(V_e-V_x)C_a=\left\{C_T\frac{V_s}{V_s+V_x}F_{n1}(pH)_x+A_T\frac{V_s}{V_s+V_x}F_{n2}(pH)_x+\frac{10^{-(14-pH_x)}}{f_m}+[const]_x-\frac{10^{-pH_x}}{f_m}\right\}\times(V_s+V_x) \tag{1-41}$$

方程（1-41）建立了溶液中酸碱体系和总碱度的相互联系。在每一个滴定点上（每一个 V_x 和相应的 pH_x），方程（1-37）有三个未知数：A_T、C_T 和 V_e，因此只需要三对数据点。但这样得出结果误差很大，Moosbrugger 发现要得到较好的结果，需要四个滴定点：第一和第二滴定点要关于 pK_{C1} 对称，第三和第四个滴定点要关于 pK_a 对称（建议对称的滴定点要大约选择在 pK 两边 0.5 个 pH)。碳酸的 pK_{C1}（HCO_3^-/CO_2）为 6.3，乙酸的 pK_a（AC^-/HAC）为 4.75，所以 Moosbrugger 选择了 pH＝6.7、5.9、5.2、4.3 四个滴定点（包括初始的 pH 正好是五个 pH 点，故称为五点法）[105]。把这四个滴定点代入方程（1.37）可以得到四个方程，其中第一和第二滴定点是 HCO_3^-/CO_2 缓冲体系起支配作用，第三和第四滴定点是 HAC/AC^- 缓冲体系占主导作用。用第三滴定点方程减去第四滴定点方程将得到一个在 VFA 碱度起支配作用的关于 A_T 和 C_T 的方程，用第一滴定点方程减去第二滴定点方程将得到一个在 HCO_3^- 碱度起支配作用的关于 A_T 和 C_T 的方程。这样做可以使两个缓冲体系相对分离，由得到的最后两个方程联立就可以求出 A_T 和 C_T[106]。

对来自高低负荷运行下的 UASB 出水，投加了 VFA 至浓度 100～1000mg/L 的水样进行测试，平均标准偏差均在 8%以内[107]。应用该方法得到市政废水水样 VFA 浓度一般为 20～40mg/L，污泥中 VFA 的浓度一般为 1000mg/L 左右[106]。

4）八点 pH 滴定法

鉴于 Moosbrugger 的五点法校正 pH 时所存在的理论缺陷，Lahav 等[108]在

Moosbrugger的五点法基础上提出了八点法。其原理与五点滴定法相同，只是在二次估计值计算时采用如下原理：通过准确测定出总碱度（即水样中所有可以接受质子的总量）并与初次估计值 A_T 和 C_T 建立线性关系，进而得到最终结果。总碱度的测定通过格兰滴定完成[109]，因此要求在五点法的基础上在 $2.4<pH<2.7$ 内另取三个滴定点（V_x、pH_x）。此pH范围内 CO_3^{2-}、HCO_3^-、A^-、HPO_4^{2-}、NH_3、HS^-、S^{2-} 和 OH^- 都可以忽略[110]。

$$\text{Totalalkalinity}_x = V_e C_a - V_x C_a = \{[H_2PO_4^-]_x - [H^+]_x\} \times (V_x + V_s) \tag{1-42}$$

将 $H_2PO_4^-$ 用 P_T 和其平衡常数表示可得

$$C_a(V_e - V_x) = (V_s + V_x) \times \left[\frac{K'_{P1}K'_{P2}(H^+)\times P_T}{(H^+)^3 + K'_{P1}(H^+)^2 + K'_{P1}K'_{P2}(H^+) + K'_{P1}K'_{P2}K'_{P3}} \times \frac{V_s}{V_s + V_x} - 10^{-pH_x}\right] \tag{1-43}$$

方程（1-43）右边所有变量已知，定义为 F_x。将所得到的三个滴定点代入方程（1-43），以 F_x 为横坐标，V_x 为纵坐标绘图，可以得到一条一元线性关系的直线，截距（即 $F_x=0$）为 V_e。格兰滴定的结果相当准确，所以可通过 V_e 值来对初次估计值进行改进。将初次估计值 A_T、C_T、V_e 和初始pH（$V_x=0$）代入方程（1-41）中，用一个比例系数 x 分别乘以 A_T、C_T，得到[108]

$$V_e C_a = \{xC_T F_{n1}(pH_0) + xA_T F_{n2}(pH_0) + \text{const}\} \times V_s \tag{1-44}$$

式中，const表示在初始pH（即 pH_0、$V_x=0$）时磷酸盐、硫化物、氨体系和水可接受质子浓度的代数和。方程（1-44）中只含有一个未知数 x，可以求解。当 $(|x-1|)\times 100 \leqslant 5\%$ 时认为所求得的 x 是可接受的。用 x 分别乘以 C_T、A_T 作为最终结果。如果初始pH低于6.85，需要投加NaOH标准溶液使其水样的pH升高。此时的 V_e 值就需要进行修正：

$$V_{e(\text{final})} = \frac{V_{e(\text{Gran})}C_a - V_{NaOH}C_{NaOH}}{C_a} \tag{1-45}$$

Lahav对加入乙酸至VFA浓度为50～700mg/L的UASB反应器出水进行测试，平均标准偏差为6.7%。

2. 蒸馏法测定VFA

蒸馏法的测试原理相对比较简单，本质上属于滴定法。利用 S_A 易挥发的特点，通过加热蒸馏使这部分物质从废水中挥发出来，然后通过冷却装置将其收集到容器中，用标准NaOH溶液滴定，计算如下[111,112]：

$$C_A = \frac{C_{NaOH} \times V_2 \times M \times 10^3}{V_1 \times 0.7} \text{mg/L}\quad（以乙酸计）\tag{1-46}$$

式中，V_2 为滴定所用的 NaOH 体积；V_1 为水样的体积；M 为乙酸的摩尔质量；0.7 为修正系数。由于该方法是经验性方法，参考美国公共卫生协会编著的《水和废水标准检验法》，假定蒸馏液中只会得到 70%的脂肪酸，计算中用此值修正。此方法适用于回收含 6 个碳原子以下的挥发性脂肪酸，随着分子量的增加，每种酸的分馏回收率相应增加。

根据《城镇废水处理及再生利用标准汇编》采用蒸馏法在实验室内测定污泥中的脂肪酸含量时，相对标准偏差为 0.9%～1.6%。

在测定过程中需要注意以下几点：①终点的判断；②温度的选择；③样品量取的改进。常规蒸馏法采用酚酞作为指示剂，但是由于显色不是很明显，终点较难判断。如果有条件，可以在加入酚酞指示剂的条件下，用 pH 计作为另一终点判断的工具。当 pH=8.3（弱碱性），同时酚酞呈粉红色时，滴定到达终点。

3. 比色法测定 VFA

紫外和可见光光度法是目前广泛应用的定性定量分析方法。许多无机及有机化合物在紫外和可见光区域有特定的吸收，又由于该方法灵敏度高、选择性好、仪器设备简单，因而为化学实验室所普遍采用。在紫外和可见光光度法中，样品一般都需经过前处理，其作用：一是分离和排除干扰；二是进行特征的“显色”反应，形成在紫外和可见光区域有特征性吸收的物质。测定“显色液”的吸光度，根据朗伯-比尔定律即可得到被测物质的浓度[113]。

比色法测定 VFA 的原理是含挥发性脂肪酸的样液在加热条件下与酸性乙二醇作用生成脂，此脂再与羧胺反应，生成氧肟酸。在高铁试剂存在下，氧肟酸转化为棕红色络合物高铁氧肟酸，其颜色深浅在较大范围内与反应初始物——挥发性脂肪酸的含量成正比。值得注意的是：①此方法是挥发性脂肪酸总量的经验测定法，比蒸馏法更为简便、快速。除 150mg/L 以下的低浓度范围外，其测定值相对误差与气相色谱法测定总值的相对误差相近。②此方法中的反应是在严格的 pH 条件下进行的，最适 pH 为 1.6±0.1[113]。

4. 色谱法测定 VFA

色谱是一种物理分离方法，在两相间利用组分间分配系数的不同进行分离。色谱按照流体的性质可分为气相色谱、液相色谱和超临界色谱。固定相可以是固体、液体或凝胶。色谱分离方法的核心是色谱柱。注射进色谱柱中的溶质在流动相和固定相间进行分配，直到溶质从色谱柱中洗脱流出[114,115]。使用色谱仪上的氢火焰检测器测定挥发性脂肪酸的含量，其基本原理是：色谱柱分离出的物质被载气载入到检测器离子室的喷嘴口，与燃气——氢气混合，并以空气为助燃气进行燃烧，以此为能源，将组分电离成离子数目相等的正离子和负离子。在离子室内装有收集极和底电极，离子在电场内作定向流动，形成离子流。该离子流被收集极收集后，经过微电子放大器放大输送给记录仪得到信号，此信号的大小代表单位时间内进入检测器火焰的组分含量。

据目前国内外的文献中的相关报道，在测定挥发性脂肪酸时所应用的色谱条件主要有以下4类。

(1) 固定相：$GDX_{103}+H_3PO_4$，2%（60～80目）；色谱柱：2m×ϕ6mm；柱温:180～200℃；气化室温度：240℃；检测温度：210℃；进样量：2μL；载气流量：N_2，50mL/min；氢气流量：H_2，50mL/min；空气流量：600～700mL/min。

(2) 色谱柱：2m×ϕ3mm，不锈钢柱，内填国产GDX-401担体，60～80目；柱温：210℃；载气流量：N_2，90mL/min；空气流量：500mL/min；氢气流量：H_2，50mL/min；气化室温度：240℃；检测温度：210℃。

(3) 色谱柱：2m×ϕ6mm，装有以2%磷酸饱和的60～80目GDX-103担体；柱温：180～200℃；气化室温度：240℃；检测温度：210℃；进样量：2μL；载气流量：N_2，50mL/min；氢气流量：H_2，50mL/min；空气流量：600～700mL/min。

(4) 色谱柱：2m×ϕ2mm，玻璃柱，内装以10%的商品固定液Fluorad-FC431涂布的Supelcoport担体，100～200目；柱温：130℃；气化室温度：220℃；检测温度：210℃；载气流量：N_2，40mL/min。

气相色谱直接测定挥发酸的主要难点在于挥发酸是一种极性非常强的挥发性物质，而且在水中容易产生离解。需要注意的问题有如下几个方面[116～118]。

(1) 水的影响：水会对检测产生影响。要消除水的影响，须选择合适的检测器，即选择对水不产生检测效果的检测器，可选用氢火焰离子检测器。

(2) 拖尾问题：挥发酸由于其强极性，容易产生拖尾。要消除拖尾，一是要选择合适的极性柱，二是采用程序升温法。采用极性柱能将挥发酸系列分离开来，采用程序升温，能减少甚至消除拖尾。

(3) 解决离解即挥发性问题：挥发酸是弱酸，在分子状态时容易挥发所以必须酸化待测液，以保持待测挥发酸的分子形态。酸化时不宜采用强酸，否则会破坏色谱柱，所以选择甲酸作为酸化剂，即加入等量3%甲酸。

(4) 解决测定时间问题：测定时间与柱温和载气流速关系密切，一般柱温越高，出峰越快，载气流速越大，出峰越快。但并不是温度和流速越大越好，高与快需建立在峰分离的基础上。因此，选择适合的温度和载气流速，可以有效解决测定时间问题。另外可采取缩短色谱柱的方法，如将普通2m的填充柱缩短为0.5m。

(5) 解决酸残留问题：在测定挥发酸时，挥发酸会有小部分的残留，这是测定结果误差产生的原因。为了使测定结果更准确，需要在测定一个样品后，用相同浓度的甲酸洗柱。

气相色谱法的最小检测量为 4μL/L，相对误差为 1.8%，相对标准误差小于 2.7%。

离子色谱法是一种广泛应用于水中常见阴离子和碱金属、碱土金属阳离子检测的现代仪器分析方法。其基本原理是，通过离子交换，使亲水性的阴、阳离子在流动相的作用下得到顺序分离。阴离子分离柱采用苯乙烯-二乙烯基苯的共聚物作为核心，外加一层磺化层，作为与外界阴离子的交换层和离子键结合的表面，上面有季铵化阴离子，在与水溶液接触时，很容易与淋洗液中的阴离子发生离子交换作用，使得淋洗液中的待测阴离子上柱。在淋洗液的不断冲洗下，阴离子按照其电负性和与阴离子分离柱的不同作用力而先后被淋洗下来，进入检测器。离子浓度与电信号成正比关系。

国内外使用离子色谱法测定挥发性脂肪酸的色谱条件主要有 3 种[119]。

(1) AS-4AC4mm 型阴离子分离柱；AS-4AG 型阴离子保护柱；淋洗液，0.6mg/LNaHCH_3 溶液；淋洗液流速，0.5mL/min；再生液流速，1.0mL/min。

(2) 离子色谱柱 6.1005.200 Metrosep orgin acids；淋洗液，0.5mmol/L 七氟代丁酸、7%丙酮；淋洗液流速，0.5mL/min；抑制器 MSM，10mmol/L 四丁胺碘；进样量 20μL。

(3) 离子色谱柱 6.1005.200 Metrosep orgin acids；淋洗液，0.5mmol/L 高氯酸；淋洗液流速，0.6mL/min；抑制器 MSM，10mmol/L 氯化锂；进样量 20μL。

离子色谱法测定步骤如下：用离子色谱法测定挥发性脂肪酸的混合标准溶液；待所有的混合酸全部流出色谱柱后，此时从色谱图即可以看到分离状况，计算机会自动积分并给出分析结果；分别加入挥发性脂肪酸中的单一的物质（如乙酸、丙酸等）标准溶液，从各酸的保留时间即可确认挥发性脂肪酸标准溶液中各有机酸的峰位置；用峰面积标准曲线法定量。离子色谱法的相对误差小于 1.5%，相对标准误差小于 5.5%，加标回收率为 90%～110%。

1.5.3 溶解性惰性组分的测定

对原废水过滤后接种污泥，曝气直至全部生物活性消失，剩下的溶解性 COD 可认为是 S_I。如 Ekama 等[22]认为，污泥和废水在完全混合反应器中曝气，泥龄为 10～20d，取样过滤后的 COD 即为原水的 S_I；IWAPRC 则认为从连续进水完全混合反应器（θ>10d）中取样并放入批反应器中曝气，定期采样分析，最后剩下的溶解性 COD 即 S_I[61]。但考虑到原水中胶体物质的影响，常常是对二沉池出水进行过滤后测定 COD，因为胶体物质在活性污泥系统中可以被污泥吸附。

Ekama等[22]发现在低负荷活性污泥工艺中，出水溶解性COD与进水S_I较一致。考虑到出水中剩余的RBCOD，Siegrist等[120]建议S_I为取出水溶解性COD的90%；Henze等[77]提出，S_I取出水溶解性COD减去出水BOD与BOD/COD转化系数之积，STOWA在其导则中综合以上两方面，提出对于低负荷污水处理厂，$S_I=0.9COD_{eff,filt}$，对于高负荷污水处理厂，$S_I=0.9COD_{eff,filt}-1.5BOD_{5,eff}$[30]。

尽管大多数有关微生物产生溶解性有机产物S_P的证据都来源于用诸如葡萄糖等已知基质进行的实验，但已经证实废水中也能产生这类物质[121,122]。关于S_P的性质还不完全清楚，大多数研究认为它是持久性的，也有研究认为是可生物降解的，但速率比进水中的可生物降解COD慢而导致其在系统中累积。S_P的产生对S_I的测定有影响，已经有一些实验方法来区分S_P和进水S_I。Germirli等[121]用葡萄糖废水进行好氧实验，最终COD为S_P和颗粒性产物X_P，过滤后可得到S_P和X_P，并可以计算它们与初始总COD的比例；同时进行过滤废水实验，最终COD为$S_I+S_P+X_P$，再过滤可得S_I+S_P，利用前面的比例可计算S_P，从而得到S_I。Orhon等[123]的方法包括运行原废水和过滤废水两个批实验，分别测定实验前后的总COD和溶解性COD。由过滤废水实验可以得到降解单位COD的X_P的产率，将其参数代入原废水实验结果可求出X_I；利用两个反应器S_P产量之差和降解的COD之差，可求出单位COD的S_P产率，代入过滤废水实验结果可得S_I。1999年，Orhon等[27]对这种方法进行了改进，增加了一个葡萄糖废水实验，用该实验获得单位COD的S_P产量这一参数，用于后面两个实验结果获得进水的S_I和X_I。周振等[124]报道的基于批式呼吸测量和溶解性慢速COD水解动力学拟合的方法能够表征S_I且不受溶解性微生物产物的影响。

1.5.4 颗粒性惰性组分的测定

大部分测试废水中初始X_I的方法都是利用模型进行模拟，再结合实验予以确定。Ekama等[22]推荐通过MLVSS的实测值和模型计算值的拟合来确定X_I；Henze等[13]推荐了一套相似的方法。

也有一些实验方法来直接或间接测试城市污水COD中的X_I组分。Pederson等[125]建议了一套经验方法，假设在低负荷的污水处理厂，进水X_I是其颗粒性组分（X_I+X_S）与总BOD（X_S）之差，事实证明这只是一种粗略的近似，因为该方法同时使用了BOD_5和COD，且没有考虑颗粒性惰性产物X_p。Kappeler等[38]使用一个实验室批反应器和一套基于模拟仿真和曲线拟合的计算程序来确定X_I，但没有考虑溶解性惰性COD的产生。Orhon等[123]提出运行一个批反应器的方法能够间接测试X_I，但需要S_I、Y_H和f_{ex}（X_P的产率系数）的值，之后，Orhon等[27]又开发了两套实验方法来直接测定X_I和S_I，并考虑了惰性产物S_P和X_P的产生（见有关S_I部分）。

活性污泥过程中溶解性和颗粒性惰性产物（S_P 和 X_P）的产生是一个尚未解决的问题，是废水 COD 组分 S_I 和 X_I 测试中的一个难题。IWA 的 ASMs 包含 X_P 的产生过程，却没有将 S_P 的产生纳入其中。虽然前面已经提到了一些实验能够区分 X_P 和 X_I，但存在以下问题：

（1）实验中的 S_P 和 X_P 都是在有机基质完全降解和微生物全部矿化的条件下测得的，把这一结果与降解的 COD 量进行比较，得到一个所谓的单位基质的惰性产物产量这一参数［$gX_P(S_P)/gCOD$］。这些实验认为 X_P 或 S_P 来源于微生物衰减，应该以微生物量为基础来定义产率。由于它暗含了基质降解产生的微生物全部矿化这一前提，不具有普遍意义。例如，在污水处理厂的水力停留时间（hydraulic retention time，HRT）内，基质降解而合成的微生物远远没有全部矿化，所以 S_P 和 X_P 的产量应该小得多，受到衰减速率 b_H、HRT、微生物浓度 X_B 的影响。

（2）普遍的观点都认为 S_P 来源于微生物的衰减过程，但 Sollfrank 等[122]用城市污水进行的实验却认为 S_P 与进水中 SBCOD 的水解相关，反驳了上述假设。如果真是这样，S_P 的产量便可描述为水解的 SBCOD 的函数。

（3）ASMs 中使用了一个相对恒定的 X_P 产率系数（$f_{ex}=0.2gCOD/gCOD$），但研究表明，该参数因废水特性不同而有较大波动。在上面测试 S_I 和 X_I 的实验中，用葡萄糖合成废水来获得 S_P 的产率系数 f_{es}，然后用于城市污水，认为两者具有相同的 f_{es}。那么这种假设是否成立，f_{es}是否会像 f_{ex}那样波动。

1.5.5　慢速可生物降解组分 SBCOD（X_S）的测定

早期，有人提出用一定粒径范围的胶体来代表 SBCOD，如 Torrijos 等[95]提出用 0.1～50μm 的胶体来确定 SBCOD，但实验结果表明胶态物质主要通过物理作用去除，与生物氧化无关；Bunch 等[126]也发现，0.03～1.5μm 的胶体可能通过吸附作用而去除，但之后并未观察到因这些胶体解体而出现的溶解性有机物的增加和对应的 O_2 的消耗；除胶体外，部分溶解性基质和可沉淀基质也可能属于 SBCOD，使得完全依靠物理化学方法来确定 SBCOD 存在很大的问题。

荷兰 STOWA 的水质表征导则提出了一种测定 SBCOD 的方法。进水中总的可生物降解 COD 是 SBCOD 和 RBCOD 之和，即 BCOD＝SBCOD＋RBCOD，若已知 RBCOD，则可求出 SBCOD[30]。

在该导则中，BCOD 由 BOD 实验来确定。选择 BOD 是因为它是 WWTP 常规测量参数。一般 $BOD_5=(50\%\sim95\%)BOD$，$BOD_{20}=(95\%\sim99\%)BCOD$，但 BOD_{20}的测定不可靠，因此推荐采用曲线拟合的方法来确定 BOD_{tot}。测 BOD 随时间的变化，用曲线方程拟合实验数据得到一级速率常数 k_{BOD}。一旦 k_{BOD} 确定，就可以由给定的 BOD_t（如 BOD_5）用式（1-47）来计算 BOD_{tot}：

$$\mathrm{BOD_{tot}} = \frac{1}{1 - \mathrm{e}^{-k_{\mathrm{BOD}}t}} \mathrm{BOD_t} \tag{1-47}$$

考虑到实验期间微生物衰减产生的不可生物降解持久性物质，必须使用一个校正系数 f_{BOD}来估计 BCOD，即

$$\mathrm{BCOD} = \frac{1}{1 - f_{\mathrm{BOD}}} \mathrm{BOD_{tot}} \tag{1-48}$$

上述方法的主要问题在于：

(1) BOD 测试的不稳定性导致 k_{BOD}易变。Metcalf 等[127]报道，随废水不同，k_{BOD}在 0.1～0.7$\mathrm{d^{-1}}$变化，即 BOD/$\mathrm{BOD_5}$ 为 1.03～2.54，Henze 等[80]报道该值为 1.43～1.67。在荷兰城市污水中 k_{BOD}为 0.15～0.8$\mathrm{d^{-1}}$，与 RBCOD/(RBCOD＋SBCOD) 之间有较好的线性相关性，受污水系统的类型和长度、工业废水比例、预处理情况等影响[30]。有人认为用二级动力学方程进行拟合可能使误差减小，但 Weijers[128]的研究认为这样做反而会使问题过度参数化。

(2) f_{BOD}在数值上并不是十分明确。在荷兰 STOWA 的导则中，推荐f_{BOD}＝0.15，并未给出其确定方法。

1.5.6　活性微生物组分的测定

城市污水 COD 中的活性微生物包括异养微生物 X_H、自养微生物 X_A 和聚磷菌 X_{PAO}。目前，对这些组分的直接测定还存在困难，相关的研究工作报道也比较少。在模拟过程中，这些组分可通过模型校核而被纳入 SBCOD 和 X_I。忽略它不会对模拟预测结果有大的影响。然而在非常高速的系统中，X_H 随进水连续流入会对处理工艺的运行有明显影响（特别是固体平衡、SRT 等）。此时，测定原水总的 X_H 就显得尤为重要。Jorgensen 等[129]使用 ATP 测定来确定废水中的 X_H，结果为 X_H＝(8%～30%)SS；Munch 等[130]用细菌计数的方法得到 X_H＜10%$\mathrm{COD_{tot}}$。但是这些生物学方法测得的结果很难与模型中的 X_H 相联系。

1.5.7　COD 组分表征方法标准化

目前，世界上只有荷兰推出了作为国家标准的城市污水 COD 组分表征导则，用于 ASM1 和 ASM2。

1996 年，为了推进 ASMs 在荷兰的应用，荷兰 STOWA 建立了一套废水水质表征标准化导则。在荷兰大约 100 座 WWTPs 中的使用表明，该导则能够为城市污水处理过程优化、咨询和辅助设计的仿真研究提供实用的废水水质数据。

除荷兰外，在土耳其曾经有一个污水综合表征的研究项目，调查包含伊斯坦布尔大都市区域 24% 的城市污水。主要考察项目有原水和初沉水总 COD ($\mathrm{COD_{tot}}$)、溶解性 COD($\mathrm{COD_S}$)、溶解性易降解组分 S_S、$S_S/\mathrm{COD_{tot}}$、$S_S/\mathrm{COD_S}$

和 F/M，研究结果为：COD_S（S_I+S_S）＝30% COD_{tot}、$S_S/COD_S=0.282$、S_S/COD_{tot}（原水）＝0.088、S_S/COD_{tot}（初沉）＝0.13[42]。

目前国内还只是针对单个组分的实验室测定和某些方法的对比，还没有从所有 COD 组分的角度全面系统地研究，更没有提出建立城市污水 COD 组分表征标准化平台的思想。荷兰的水质表征标准化导则可以起到很好的参考作用，但应该从以下几个方面进行改进：

（1）STOWA 的导则是一个确定性较强、较封闭的导则，如明确 $S_I=0.9COD_{S,eff}$，这可能是因为荷兰国家较小、水质差异不大。而我国地域广泛，各地情况明显不同，城市污水的性质必然也有很大差异，要想建立一个类似于荷兰的导则是不太可能的。所以，建立的导则应该着眼于测试方法和测试程序的标准化上，而不确定其中的参数，使其具有较好的适用性和可开发性。

（2）从方法上提高导则准确性。STOWA 在推出导则时，认为呼吸测量技术不成熟，因而较多采用了物理化学方法，这在 RBCOD 和 SBCOD 的表征上存在较大问题。如今呼吸测量技术已经有了很大发展，可以考虑在导则中推荐这种方法。

（3）充分考虑溶解性惰性参数 S_P 对 S_I 的干扰。STOWA 的导则中没有考虑到 S_P 的产生。如果认为 S_P 产生于微生物的衰减，S_P 的产量应该可以表述为衰减的污泥量的函数，可能与衰减速率 b、微生物浓度 X 和水力停留实际 HRT 有关；如果认为 S_P 来源于 X_S 的水解，则可以表述为水解的 SBCOD 的函数。

（4）应该考虑废水中活性微生物的表征，毕竟不是任何时候都可以忽略，尤其是 X_H，在废水中明显存在。

参考文献

[1] Wilson A W, Dold P L. General methodology for applying process simulators to wastewater treatment plants [C]. Proceedings of Annual Conference of the Water Environment Federation, Alexandria, 1998.

[2] Benefield L, Molz F. Mathematical simulation of a biofilm process [J]. Biotechnology and Bioengineering, 1985, 27: 921～931.

[3] Vayenas D V, Lyberatos G. A novel model for nitrifying trickling filters [J]. Water Research, 1994, 28(6): 1275～1284.

[4] Spengel D B, Dzombak D A. Biokinetic modeling and scale-up consideration for rotation biological contactors [J]. Water Environment Research, 1992, 64(3): 223～235.

[5] Rittmann B E, McCarty P L. Model of steady state biofilm kinetics [J]. Biotechnology and Bioengineering, 1980, 22(11): 2343～2357.

[6] Rittmann B E, McCarty P L. Evaluation of steady-state biofilm kinetics [J]. Biotechnology and Bioengineering, 1987, 29(3): 2359～2373.

[7] Suidan M T, Wang Y T. Unified analysis of biofilm kinetics [J]. Journal of Environmental Engineering, 1985, 111(5): 634～646.

[8] Wanner O, Gujer W. A multispecies biofilm model [J]. Biotechnology and Bioengineering, 1986, 28: 314～328.

[9] Lewandowski Z, Walser G, Characklis G. Reaction kinetics in biofilms [J]. Biotechnology and Bioengineering, 1991, 38(8): 877～882.

[10] Hinson R K, Kocher W M. Model for effective diffusivities in aerobic biofilms [J]. Journal of Environmental Engineering, 1996, 122(11): 1023～1030.

[11] Andrews J F. Dynamic model of the anaerobic digestion process [J]. Journal Sanitary Engineering Division, 1969, 95: 95～116.

[12] Andrews J F, Graef S P. Dynamic modeling and simulation of the anaerobic digestion process [J]. Advances in Chemistry Series, 1971, 105: 126～162.

[13] Henze M, Jr Grady C P L, Gujer W, et al. Activated sludge model No. 1 [R]. IAWPRC Science and Technology Report No. 1, London, 1987.

[14] Henze M, Gujer W, Mino T, et al. Activated sludge model No. 2d, ASM2D [J]. Water Science and Technology, 1999, 39(1): 165～182.

[15] Gujer W, Henze M, Mino T, et al. The activated sludge model No. 2: Biological phosphorus removal [J]. Water Science and Technology, 1995, 31(2): 1～11.

[16] Gujer W, Henze M, Mino T, et al. Activated sludge model No. 3 [J]. Water Science and Technology, 1999, 39(1): 182～192.

[17] Hrdromantis Inc. GPS-X Technical Reference [S]. Hamilton: Hrdromantis Inc., 2002.

[18] Baker A J. Modeling activated sludge treatment of petroleum and petrochemical wastes [D]. Hamilton: McMaster University, 1994.

[19] Jones R M, Dold P L, Baker A J, et al. Optimization of a biological wastewater treatment process at a petrochemical plant using process simulation [C]. Proceedings of 68th Annual Conference of the Water Environment Federation, Alexandria, 1995.

[20] Özer C, Daigger G T, Graef S P, et al. Evaluation of IAWQ activated sludge model No. 2 using steady-state data from four full-scale wastewater treatment plants [J]. Water Environment Research, 1998, 70(6): 1216～1223.

[21] Brdjanovic D, van Loosdrecht M C M, Versteeg P, et al. Modeling COD、N and P removal in a full-scale WWTP HAARLEM WAARDERPOLDER [J]. Water Research, 2000, 34(3): 846～858.

[22] Ekama G A, Dold P L, Marais G V R. Procedures for determining influent COD fraction and the maximum specific growth rate of heterotrophs in activated sludge system [J]. Water Science and Technology, 1986, 18(6): 91～114.

[23] Wentzel M C, Mbewe A, Ekama G A. Batch test for measurement of readily biodegradable COD and active organism concentrations in municipal wastewaters [J]. Water SA, 1995, 21: 117～124.

[24] Mamais D, Jenkins D, Pitt P. A rapid physical-chemical method for the determination of readily biodegradable soluble COD in municipal wastewater [J]. Water Research, 1993, 27(1): 195～197.

[25] Choi E H, Klapwijk B, Mels A, et al. Evaluation of wastewater characterization methods [J]. Water Science and Technology, 2005, 52(10-11): 61～68.

[26] Orhon D, Okutman D. Respirometric assessment of residual organic matter for domestic sewage [J]. Enzyme and Microbial Technology, 2003, 32: 560～566.

[27] Orhon D, Karahan O, Sozen S. The effect of residual microbial products on the experimental assess-

ment of the particulate inert COD in wastewaters [J]. Water Research, 1999, 33(14): 3191～3203.

[28] Orhon D, Okutman D, Insel G. Characterization and biodegradation of settleable organic matter for domestic wastewater [J]. Water SA, 2002, 28(3): 299～305.

[29] Orhon D, Insel G, Karahan O. Respirometric assessment of biodegradation characteristics of the scientific pitfalls of wastewaters [J]. Water Science and Technology, 2007, 55(10): 1～9.

[30] Roeleveld P J, van Loosdrecht M C M. Experience with guidelines for wastewater characterization in The Netherlands [J]. Water Science and Technology, 2002, 45(6): 77～87.

[31] Hauduc H, Gillot S, Rieger L, et al. Activated sludge modelling in practice: An international survey [J]. Water Science and Technology, 2009, 60(8): 1943～1951.

[32] 顾夏声．废水生物处理数学模式．第二版 [M]. 北京：清华大学出版社，1993.

[33] Petersen B. Calibration, identifiability and optimal experimental design of activated sludge models [D]. Belgium: Gent University, 2000.

[34] 陈立. EFOR 程序的仿真模拟功能应用研究[J]. 中国给水排水，1998，14(5)：15～18.

[35] 许保玖，龙腾锐．当代给水与废水处理原理[M]. 北京：高等教育出版社，2000.

[36] Olsson G, Newell B. 污水处理系统的建模、诊断和控制[M]. 高景峰，彭永臻译．北京：化学工业出版社，2004：133～138.

[37] 施汉昌，张杰远，张伟，等. 快速生物活性测定仪的发展[J]. 环境污染治理技术与设备，2002，2(3)：87～95.

[38] Kappeler J, Gujer W. Estimation of kinetic parameters of heterotrophic biomass under aerobic conditions and characterization for activated sludge modeling [J]. Water Science and Technology, 1992, 25(6): 125～139.

[39] Kristensen H G, Elberg Jorgensen P, Henze M. Characterisation of functional microorganism groups and substrate in activated sludge and wastewater by AUR, NUR and OUR [J]. Water Science and Technology, 1992, 25(6): 43～57.

[40] Kroiss H, Schweighofer P, Frey W, et al. Nitrification inhibition—A source identification method for combined municipal and/or industrial wastewater treatment plants [J]. Water Science and Technology, 1992, 26(5-6): 1135～1146.

[41] Drtil M, Nemeth P, Bodik I. Kinetic constants of nitrification [J]. Water Research, 1993, 27: 35～39.

[42] Cokgor E U, Sozen S, Orhon D, et al. Respirometric analysis of activated sludge behaviour—I. Assessment of the readily biodegradable substrate [J]. Water Science and Technology, 1998, 32(2): 461～475.

[43] Randall E W, Wilkinson A, Ekama G A. An instrument for the direct determination of oxygen uptake rate [J]. Water SA, 1991, 17: 11～18.

[44] Gernaey K, Verschuere L, Luyten L, et al. Fast and sensitive acute toxicity detection with an enrichment nitrifying culture [J]. Water Environment Research, 1997, 69: 1163～1169.

[45] Watts J B, Garber W F. On-line respirometry: A powerful tool for activated sludge plant operation and design [J]. Water Science and Technology, 1993, 28(11-12): 389～399.

[46] Ellis T G, Barbeau D S, Smets B F, et al. Respirometric techniques for determination of extant kinetic parameters describing biogradation [J]. Water Environment Research, 1996, 38: 917～926.

[47] Dircks K, Pind P F, Mosbak H, et al. Yield determination by respirometry—The possible influence of

storage under aerobic conditions in activated sludge [J]. Water SA, 1999, 25: 69~74.

[48] Vanrolleghem P A, Spanjers H. A hybrid respirometic method for more reliable assessment of activated sludge model parameter [J]. Water Science and Technology, 1998, 37(12): 237~246.

[49] Vanrolleghem P A, Kong Z, Rombouts G, et al. An on-line respirographic sensor for the characterization of load and toxicity of wastewaters [J]. Journal of Chemical Technology and Biotechnology, 1994, 59: 321~333.

[50] Kong Z, Vanrolleghem P A, Verstraete W. Automated respiration inhibition kinetics analysis (ARIKA) with a respirographic biosensor [J]. Water Science and Technology, 1994, 30(4): 275~284.

[51] Spanjers H. Respirometry in activated sludge [D]. Netherlands: Landbouwuniversiteit Wageningen, 1993.

[52] Spanjers H, Olsson G, Klapwijk A. Determining influent short-term biochemical oxygen demand and respiration rate in an aeration tank by using respirometry and estimation [J]. Water Research, 1994, 28: 1571~1583.

[53] Rickert D A, Hunter J V. General nature of soluble and particulate organics in sewage and secondary effluent [J]. Water Research, 1971, 5: 421~436.

[54] Levine A D, Tchobanoglous G, Asano T. Characterisation of the size distribution of contaminants in wastewater: Treatment and reuse implications [J]. Journal of the Water Pollution Control Federation, 1985, 57(7): 805~816.

[55] Madigan M, Martinko J M, Parker J. Brock biology of microorganisms. 8th ed [M]. Englewood Cliffs: Prentice Hall, 1997.

[56] Lengeler J W, Drews G, Schlegel H G. Biology of the prokaryotes [M]. New York: Blackwell Science, 1999.

[57] Levine A D, Tchobanoglous G, Asano T. Size distributions of particulate contaminants wastewater and their impact on treatbility [J]. Water Research, 1991, 25: 911~922.

[58] Hu Z Q, Chandran K, Smets B F, et al. Evaluation of a rapid physical-chemical method for the determination of extant soluble COD [J]. Water Research, 2002, 36: 617~624.

[59] Haider S, Svardal K, Vanrolleghem P A, et al. The effect of low sludge age on wastewater fractionation (SS, SI) [J]. Water Science and Technology, 2003, 47(11): 203~209.

[60] Dold P L, Ekama G A, Marais G V R. A general model for the activated sludge process [J]. Progress in Water Technology, 1980, 12: 47~77.

[61] Melcer H, Dold P L, Jones R M, et al. Methods for Wastewater Characterization in Activated Sludge Modeling [M]. Alexandria: Water Environmental Research Foundation, 2004.

[62] Siebritz P I, Ekama G A, Marais G V R. A parametric model for biological excess phosphorus removal [J]. Water Science and Technology, 1983, 15: 127~152.

[63] Nicholls H A, Pitman A R, Osborn D W. The readily biodegradable fraction of sewage: Its influence on phosphorus removal and measurement [J]. Water Science and Technology, 1985, 17: 73~87.

[64] Wentzel W C, Ekama G A, Dold P L, et al. Biological excess phosphorus removal—Steady state process design [J]. Water SA, 1990, 16: 29~48.

[65] Pitman A R. Design considerations for nutrient removal activated sludge plants [J]. Water Science and Technology, 1991, 23: 781~790.

[66] Hoen K, Schuhen M, Kohne M. Control of nitrogen removal in wastewater treatment plants with pre-

denitrification, depending of the actual purification capacity [J]. Water Science and Technology, 1996, 33: 223～235.

[67] Witteborg A, van Der Last A, Hamming R, et al. Respirometry for determination of the influent SS-concentration [J]. Water Science and Technology, 1996, 33: 311～323.

[68] Orhon D, Ates E, Sozen S, et al. Characterization and COD fractionation of domestic wastewaters [J]. Environmental Pollution, 1997, 95(2): 191～204.

[69] 张亚雷，李咏梅. 活性污泥数学模型 [M]. 上海：同济大学出版社，2002.

[70] Buchauer K. A comparison of two simple titration procedures to determine volatile fatty acids in influents to wastewater and sludge treatment processes [J]. Water SA, 1998, 24(1): 49～56.

[71] Munch E, Greenfield P. Estimating VFA concentration in prefermenters by measuring pH [J]. Water Research, 1998, 32: 2431～2441.

[72] Rossle W H, Pretorius W A. A review of characterization requirements for in-line prefermentres, Paper 1: Wastewater characterization [J]. Water SA, 2001, 27(3): 405～412.

[73] Lie E, Welander T. A method for determination of the readily fermentable organic fraction in municipal wastewater [J]. Water Science and Technology, 1997, 31(6): 1269～1274.

[74] Ginestet P, Maisonnier M, Sperandio M. Wastewater COD characterization: Biodegradability of physico-chemical fractions [J]. Water Science and Technology, 2002, 45(6): 89～97.

[75] Xu S L, Hultman B. Experiences in wastewater characterization and model calibration for the activated sludge process [J]. Water Science and Technology, 1996, 33(12): 89～98.

[76] Orhon D, Cokgor U E, Sozen S. Dual hydrolysis model of the slowly biodegradable substrate in activated sludge systems [J]. Biotechnology Techiques, 1998, 12(10): 737～741.

[77] Henze M. Characterization of wastewater for modeling of activated sludge processes [J]. Water Science and Technology, 1992, 25(6): 1～15.

[78] Lagarde F, Helene M, Vuillemin T, et al. Variability estimation of urban wastewater biodegradable fractions by respirometry [J]. Water Research, 2005, 39(19): 4768～4778.

[79] Okutaman D, Övez S, Orhon D. Hydrolysis of settleable substrate in domestic sewage [J]. Biotechnology Letters, 2001, 23: 1907～1914.

[80] Henze M, Harremoes P, La Cour Jansen J, et al. Wastewater Treatment: Biological and Chemical Process [M]. Heidelberg: Springer, 1995.

[81] Sollfrank U, Gujer W. Characterisation of domestic wastewater for mathematical modeling of the activated sludge process [J]. Water Science and Technology, 1991, 23: 1057～1066.

[82] Lukasse L J S, Keesman K J, van Straten G. Estimation of BODst, respiration rate and kinetics of activated sludge [J]. Water Research, 1997, 31: 2278～2286.

[83] Xu S. Hasselblad S. A simple biological method to estimate the readily biodegradable organic matter in wastewater [J]. Water Science and Technology, 1996, 30(4): 1023～1025.

[84] Ziglio G, Andreottola G, Foladori P, et al. Experimental validation of a single-OUR method for wastewater RBCOD characterization [J]. Water Science and Technology, 2001, 43(11): 119～126.

[85] 陈莉荣，王利平，彭党聪. ASM 模型易生物降解 COD 的物理化学测定法 [J]. 中国给水排水，2004, 6(20): 97～98.

[86] 周雪飞，顾国维. ASMs 中易生物降解有机物（SS）的物化测定方法 [J]. 给水排水，2003, 11(29): 23～27.

[87] 黄勇，李勇. 废水特性鉴定的批量OUR法实验研究 [J]. 上海环境科学，2001，20(7)：322～326.

[88] Urbain V, Naidoo V, Ginestet P, et al. Characterisation of wastewater biodegradable organic fraction: Accuracy of the nitrate utilization rate test [C]. Proceedings of Water Environmental Federation 71st Annual Conference and Exposition, Orlando, 1998: 247～255.

[89] Naidoo V, Urbain V, Buckley C A. Characterization of wastewater and activated sludge from European municipal wastewater treatment plants using the NUR test [J]. Water Science and Technology, 1998, 38(1): 303～310.

[90] Orhon D, Sozen S, Artan N. The effect of heterotrophic yield on assessment of the correction factor for the anoxic growth [J]. Water Science and Technology, 1996, 34 (5-6): 67～74.

[91] McClintock S A, Sherrard J H, Novak J T, et al. Nitrate versus oxygen respiration in the activated sludge process [J]. Journal of the Water Pollution Control Federation, 1998, 60: 342～350.

[92] Sperandio M, Urbain V, Audic J M, et al. Use of carbon dioxide evolution rate for determining heterotrophic yield and characterizing denitrifying biomass [J]. Water Science and Technology, 1999, 39(1): 139～146.

[93] Dold P L, Bagg W K, Marais G V R. Measurement of readily biodegradable COD fraction in municipal wastewater by ultrafiltration [R]. Rondebosch: Department of Civil Engineering, University of Cape Town, 1986.

[94] Bortone G, Chech J S, Germirli F, et al. Experimental approaches for the characterization of a nitrification/denitrification process on industrial wastewater [C]. Proceedings of 1st International Specialty Conference on Microorganisms in Activated Sludge and Biofilm Processes, Paris, 1993: 129～136.

[95] Torrijos M, Cerro R M, Capdeville B, et al. Sequencing batch reactor: A tool for wastewater characterization for the IAWPRC model [J]. Water Science and Technology, 1994, 29(7): 81～90.

[96] Spanjers H, Vanrolleghem P A. Respirometry as a tool for rapid characterization of wastewater and activated sludge [J]. Water Science and Technology, 1995, 31(2): 105～114.

[97] Feitkenhauer H, von Sachs J, Meyer U. On line titration of volatile fatty acids for the process control of anaerobic digestion plants [J]. Water Research, 2002, 36: 212～218.

[98] Barker P S, Dold P L. General model for biological nutrient removal activated-sludge system: Model application [J]. Water Environment Research, 1998, 69(5): 985～991.

[99] Stephens H L, Stensel H D. Effect of operating conditions on biological phosphorus removal [J]. Water Environment Research, 1998, 69(3): 362～369.

[100] DiLallo R, Albertson O E. Volatile acids by direct titration [J]. Journal of the Water Pollution Control Federation, 1961, 33: 356～365.

[101] Ripley L E, Boyle W C, Converse J C. Improved alkalimetric monitoring for anaerobic digestion of high strength wastes [J]. Journal of the Water Pollution Control Federation, 1986, 58: 406～411.

[102] Seghezzo L, Zeeamn B, van Lier J B, et al. A review: The anaerobic treatment of sewage in UASB and EGSB reactors [J]. Bioresource Technology, 1998, 65: 175～190.

[103] 韩润平. 滴定法测定废水中的碳酸氢根和挥发性脂肪酸 [J]. 河南科学，2003，21(3)：278～280.

[104] Kapp H. Stuttgarter Berichte zur Siedlungs wasser wirtscaft [M]. Munchen: Oldenbourg Verlag, 1984: 300～305.

[105] Moosbrugger R E, Wentzel M C, Ekama G A, et al. Weak acid/bases and pH control in anaerobic systems—A review [J]. Water SA, 1993, 19(6): 1～10.

[106] Moosbrugger R E, Wentzel M C, Loewenthal R E. A 5-point titration method to determine the carbonate and SCFA weak acid/bases in aqueous solution containing also known concentrations of other weak acid/bases [J]. Water SA, 1993, 19: 29～39.

[107] Moosbrugger R E, Wentzel M C, Ekama G A. A 5-point titration method for determining the carbonate and SCFA weak acid/bases in anaerobic systems [J]. Water Science and Technology, 1993, 28: 237～245.

[108] Lahav O, Morgan B E, Loewenthal R E. A rapid simple and accurate method for measurement of VFA and carbonate alkalinity in anaerobic reactors [J]. Environmental Science Technology, 2002, 36: 2736～2741.

[109] Gran G. Determination of the equivalence point in potentiometrictitrations [J]. The Analyst, 1952, 77: 661～671.

[110] Lahav O, Loewenthal R E. Measurement of VFA inanaerobic digestion: The five point titration method revisited [J]. Water SA, 2000, 26(3): 389～391.

[111] APHA. Standard Methods for the Examination of Water and Wastewater. 16th ed [M]. Washington D. C.: American Public Health Association, 1985.

[112] 建设部给排水产品标准化技术委员会. 城镇废水处理及再生利用标准汇编 [M]. 北京：中国标准出版社，2006.

[113] 沈培明，陈正夫. 恶臭的评价与分析[M]. 北京：化学工业出版社，2005：208～209.

[114] 陈培榕，邓勃. 现代仪器分析试验与技术[M]. 北京：清华大学出版社，1999：186～192.

[115] 李浩春，卢佩章. 气相色谱法[M]. 北京：科学出版社，1998.

[116] 陈庆今，刘焕彬，胡勇有. 气相色谱测厌氧消化液挥发性脂肪酸的快速法研究[J]. 中国沼气，2003，21(4)：3～5.

[117] 齐风兰，韩英素，赵金海. 直接进样-气相色谱法分析发酵液中的脂肪酸[J]. 色谱，1987，5(6)：382～385.

[118] 胡家元. 气相色谱法快速测定白酒与发酵液中的低沸点有机酸[J]. 色谱，1993，11(2)：87～89.

[119] 吴飞燕，贾之慎，朱岩. 离子色谱电导检测法测定酒中的有机酸和无机阴离子[J]. 浙江大学学报(理学版)，2006，33(3)：312～315.

[120] Siegrist H, Tschui M. Interpretation of experimental data with regard to the activated sludge model No. 1 and calibration of the model for municipal wastewater treatment plants [J]. Water Science and Technology, 1992, 25(6): 167～183.

[121] Germirli F, Orhon D, Artan N. Assessment of the initial inert soluble COD in industrial wastewaters [J]. Water Science and Technology, 1991, 23(4-6): 1077～1086.

[122] Sollfrank U, Kappeler J, Gujer W. Temperature effects on wastewater characterization and the release of soluble inert organic material [J]. Water Science and Technology, 1992, 25(6): 33～41.

[123] Orhon D, Artan N, Ates E. A description of three methods for the determination of the initial inert particulate chemical oxygen demand of wastewater [J]. Journal of Chemical Technology and Biotechnology, 1994, 61: 73～80.

[124] 周振，吴志超，王志伟，等. 基于批式呼吸计量法的溶解性COD组分划分 [J]. 环境科学，2009，30(1)：75～79.

[125] Pedersen J, Sinkjaer O. Test of the activated sludge model's capabilities as a prognostic tool on a pilot-scale wastewater treatment plant [J]. Water Science and Technology, 1992, 25(6): 185～194.

[126] Bunch B, Jr Griffin D M. Rapid removal of colloidal substrate from domestic wastewater [J]. Journal of the Water Pollution Control Federation, 1987, 59: 957～963.

[127] Metcalf & Eddy Inc. Wastewater Engineering Treatment, Disposal, Reuse. 2nd ed [M]. New Dehli: Tata McGraw-Hill Publishing Company Ltd., 1979.

[128] Weijers S R. On BOD tests for the determination of biodegradable COD for calibrating activated sludge model No. 1 [J]. Water Science and Technology, 1999, 39(4): 177～184.

[129] Jorgensen J E, Eriksen T, Jensen B K. Estimation of viable biomass in wastewater and activated sludge by determination of ATP, oxygen utilization rate and FDA hydrolysis [J]. Water Research, 1992, 26(11): 1495～1501.

[130] Munch E, Pollard P C. Measuring bacterial biomass-COD in wastewater containing particulate matter [J]. Water Research, 1997, 31(10): 2550～2556.

第2章　废水COD组分的物化表征方法

废水中污染物质的粒径分布一直作为解析废水组成特性、评估实用的处理技术和预测去除性能的重要参数。目前，对于物质粒径划分还没有达成共识，Levine等[1]认为0.1μm的滤膜能够有效分离溶解性与颗粒性组分，粒径小于0.1μm的主要是细胞碎片、病毒、大分子和混合物。对废水中污染物的典型粒径划分包括：溶解性的（小于1nm）、胶体态的（1nm～1μm）、超胶体态的（1～100μm）和可沉淀的（大于100μm），其中可沉淀的污染物质通常认为能通过平流式沉淀池去除，而胶体态的物质则可通过化学沉淀去除[2]。调查显示，城市污水处理厂进水中大部分或者是颗粒性（粒径大于1μm，占40%），或者是溶解性（小于1000名义分子量，占40%），而出水中约73%是溶解性的（小于1000名义分子量或粒径小于1nm）。Levine等[3]的研究表明，未处理的城市污水COD中粒径小于0.001μm为18%～50%，0.001～1μm为9%～16%，粒径大于1μm为43%～63%，二沉池出水COD中粒径小于0.001μm为74%～79%，0.001～1μm为2%～5%，粒径大于1μm为19%～31%。Hu等[4]的研究表明，经沉淀的原始废水COD中粒径小于0.001μm为38%，0.001～1μm为21%，粒径大于1μm为41%，二沉池出水中粒径小于0.001μm为73%，0.001～1μm为19%，粒径大于1μm为8%。

早期研究认为，粒径小于1.0μm近似为真正的溶解性组分，并且能够比粒径大于1.0μm的物质更快地生物降解[1]。正是基于污染物质的生物降解动力学受到其粒径大小的控制的假设，有研究致力于将颗粒尺寸信息应用于生物过程的理解[5,6]，并将诸如沉淀、过滤、絮凝、离心[6]以及超滤[7,8]等物理化学分离方法应用于废水污染物的表征。Ginestet等[6]提出一套联合了沉淀和絮凝的物化表征程序来预测污染物质在活性污泥法污水处理厂的停留时间。

在活性污泥模型中，对于COD组分的划分依据是各组分在活性污泥系统中的生物转化特性（可生物降解、快速和慢速生物降解）和物化特性（能被活性污泥捕集的为颗粒性惰性物质，随污水流出而不发生任何变化的为溶解性惰性物质），并没有严格的粒径划分。因此，在废水表征的实践中，不同的研究者采用了不同的物理化学分离方法对废水中污染物质进行溶解性和颗粒性的界定。并且由于生物测试方法过于复杂，寻求标准的实验条件比较困难，以及对于实验结果的解析存在主观性，其应用仅仅限于实验室研究等，通过在概念上把易生物降解基质RBCOD和慢速生物降解基质SBCOD定义为“溶解性”易生物降解基质S_S

和“颗粒性”慢速生物降解基质 X_S，物理化学方法甚至被用于这些可生物降解COD组分的表征。在目前的实践工作中，物理化学测试方法成为表征城市污水COD组分的主导方法。

但是，由于没有统一的标准，造成现在物理化学方法的多样性，滤膜直接过滤、絮凝和絮凝＋过滤都有所应用，导致结果的不可比性。而且已有研究表明，含碳污染物的物理化学性质和生物学性质并非一致，引发了双重废水表征的问题[6]，各种物理化学方法得到的各组分的物理化学性质与其生物学性质的相关性还需要进一步检验。

本章对4种物理化学测试方法进行了系统的实验对比研究，从滤膜材料的选择到操作过程的复杂性，从单个方法的重现性到各种方法的差异性。特别是对物理化学方法分离出的处理液的生物学特定进行了实验研究，论证了这类方法在表征可生物降解COD组分方面与生物测试方法的相关性及其合理性。

2.1　实验方法与程序

废水过滤使用带真空泵的砂芯活动装置（上海申迪玻璃仪器有限公司），滤膜选用孔径为0.1μm、0.45μm的混合纤维微孔滤膜（上海新亚净化器件厂）和聚醚砜（PES）微孔滤膜（美国AMC公司）；絮凝剂为0.6mol/L的 $ZnSO_4$ 溶液，6mol/L的NaOH溶液和2mol/L的HCl用于调节pH，用磁力搅拌器（上海康仪仪器有限公司）进行混合。废水来自重庆市某污水处理厂隔栅井出水，污泥来自该污水处理厂曝气池。20g/L的丙烯基硫脲（ATU）贮存液用于抑制硝化。实验的程序如下所述。

(1) 将取来的污泥进行淘洗和空曝，然后测量其MLSS和MLVSS。

(2) 在(1)的同时，首先测原水的COD，然后对原水分别进行0.1μm滤膜过滤、0.45μm滤膜过滤和絮凝处理，并对部分絮凝液进行0.45μm滤膜过滤，得到4种物理化学方法的处理液，测量4种处理液的COD。处理液在4℃下保存。

絮凝过程依照以下步骤进行：按100mL废水∶1mL絮凝剂的比例向水样中投加0.6mol/L的 $ZnSO_4$ 溶液，磁力搅拌混合，随后滴加6mol/L NaOH调整pH至10.5±0.3。在投加絮凝剂后的1min内，磁力搅拌转速保持在200r/min左右，随后以转速30r/min保持5min，静置1h，取上清液进行下一步实验。

(3) 分别对原水和4种处理液进行呼吸测试。

呼吸测试在自行开发的混合呼吸测量仪（图2-1）上进行[9]。该呼吸测量仪系统由反应器系统、磁力搅拌系统、温控系统、测量系统和数据采集及处理系统组成。基于Labview开发的测量软件具有友好的用户界面（图2-2），能够自动完成数据采集、数字滤波、数据处理、实时显示和数据保存等功能，实现呼吸测量的完全自动化。

图 2-1 混合呼吸仪

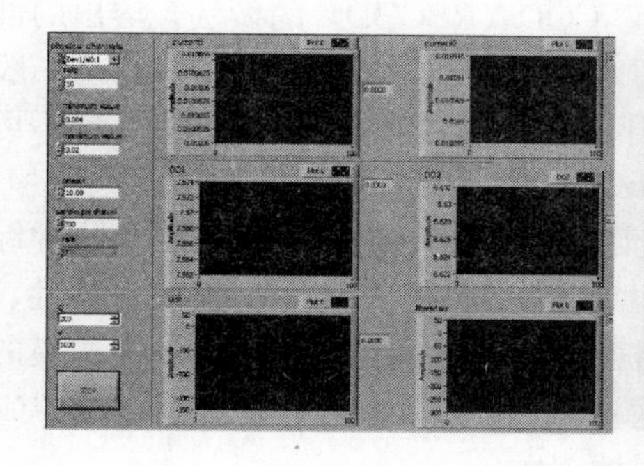

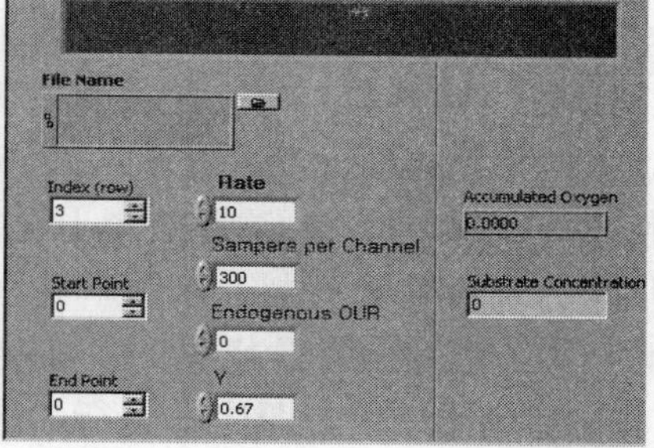

图 2-2 呼吸混合仪软件用户界面

呼吸测量程序按照文献［9］的描述进行。首先把内源呼吸的浓缩污泥(MLVSS浓度约3400mg/L) 300mL加入呼吸仪，用自来水稀释至1400mL，投加ATU 20mg/L抑制硝化，温度控制在25℃，从内源呼吸开始记录。为了避免因水样的投加造成呼吸仪中混合液的温度和溶解氧浓度的降低，首先要把水样加热到25℃并快速曝气至溶解氧饱和，然后把水样投加到曝气室，记录呼吸速率直到重新进入内源呼吸。

2.2 滤膜材料对过滤结果的影响

使用混合纤维（醋酸纤维＋硝酸纤维）滤膜过滤时，出现了处理液的COD大于原水样COD的情况。进一步使用混合纤维滤膜过滤30mL蒸馏水，测量处理液的COD；并再次把此经过蒸馏水“滤洗”的滤膜用于过滤新的30mL蒸馏水，测量处理液的COD。每个实验重复4次，结果见表2-1。由此可以看出，混合纤维滤膜在抽滤操作下有非常明显的“COD溶出”，平均值为106mg/L，而且不同滤膜之间的溶出量差异较大，最大相差34mg/L。经“滤洗”的滤膜COD的溶出量大大减少，4次测量都在10mg/L以内。

虽然滤膜过滤过去一直用于城市污水COD组分的分离，但主要关注的是所用滤膜的孔径，很少关注到滤膜材料的选择，有关滤膜“COD溶出”现象的报道极少。这是由于当过滤污水时，滤膜会截留大量颗粒性的COD，如果滤膜的溶出量相对于截留量不明显，就很容易被忽视。但是即使对滤膜进行事先的“滤洗”，过滤污水的溶出量也会明显大于本实验得到的过滤蒸馏水的溶出量。因为过滤蒸馏水时，滤膜几乎没有任何堵塞，过滤在很小的负压下很快就会完成。但是，当过滤城市污水时，滤膜的堵塞非常严重，刚开始的瞬间滤速较快，随后滤速就变得极其缓慢。1张滤膜连续抽滤60多分钟才能得到约40mL处理液。在这种长时间高负压的操作下滤膜的溶出量增加，使溶解性COD高估。按照以往使用物理化学方法来表征快速易生物降解COD（RBCOD）的做法，溶出的部分最终被加到RBCOD上。而且在城市污水中，RBCOD的浓度并不高，一般在100mg/L以内，有时只有几十毫克每升，更加使得滤膜溶出的COD量不可忽略。这可能也是物理化学方法得到的RBCOD偏高的原因之一。

使用聚醚砜（PES）滤膜重复上述实验，结果见表2-1。聚醚砜是一种综合性能优良的聚合物膜材料，其玻璃化温度高达225℃，具有优异的耐热性、耐碱、耐压力、耐腐蚀以及优越的血液相容性等性能，常作为超滤、纳滤膜的材料[10]。实验结果表明，即使不进行“滤洗”，聚醚砜滤膜也没有明显的“COD溶出”，说明聚醚砜滤膜可以用于废水过滤。

对上面的实验结果进行比较，可以得到如下结论：当使用过滤的方法对城市污水COD组分进行分离时，滤膜材料的选择是一个应该受到关注的因素，它对组分浓度的表征会产生显著的影响；选择合适的滤膜可以减小甚至消除这种影响。

表2-1　过滤30mL蒸馏水时，混合纤维滤膜和聚醚砜滤膜的“COD溶出”结果

（单位：mg/L）

编号		1	2	3	4	AVE
混合纤维滤膜	不滤洗	107	114	118	84	106
	滤洗后	7	未检出	5	8	—
聚醚砜滤膜	不滤洗	6	7	未检出	未检出	—
	滤洗后	未检出	未检出	未检出	未检出	未检出

注：AVE为均值。

2.3　4种物理化学分离方法的比较

2.3.1　重现性比较

为了比较0.1μm滤膜过滤、0.45μm滤膜过滤、絮凝和絮凝+0.45μm滤膜过滤这几种物理化学分离方法的稳定性，使用每种方法对同一个废水水样进行6次重复实验，对得到的处理液的COD进行统计分析，结果见表2-2。

表2-2　4种物理化学方法的重现性比较

项　目	0.1μm处理液 COD/(mg/L)	0.45μm处理液 COD/(mg/L)	絮凝液 COD/(mg/L)	絮凝+0.45μm 处理液COD/(mg/L)
1	120	116	121	102
2	118	124	125	106
3	112	120	125	110
4	112	118	121	110
5	114	122	127	110
6	110	122	125	110
AVE	114	120	124	108
STD	3.88	2.94	2.45	3.35
CV/%	3.39	2.45	1.98	3.10
95%置信区间	114±3.11	120±2.36	124±1.96	108±2.68

注：STD为标准偏差；CV为变动系数。

由表2-2可以看出，4种方法得到的处理液COD的测量值的变动系数为1.98%～3.39%，这一重现性与COD自身测试方法的重现性相当；95%置信度下置信区间的宽度是平均值的3.16%～5.46%。从这些定量指标来看，4种不同的物理化学分离方法都具有很好的重现性，相互之间没有明显差异。

2.3.2　分离效果的比较

使用以上4种方法对7天的城市污水处理厂原水水样进行处理，对比得到处理液的COD，结果如图2-3所示。

由图2-3可以看出，所有处理液的COD与原水总COD的变动趋势基本一致。0.1μm滤膜由于孔径最小而分离效果最好，得到的处理液的COD最小，平均值占总COD均值的23%。絮凝法和0.45μm滤膜过滤得到的结果没有明显差异，说明絮凝虽然能够把较小的颗粒和胶体凝聚成较大的颗粒，但仅仅依靠这些颗粒的自然沉降并不能使其得到有效去除。絮凝和过滤联用则把絮凝对胶体物质的去除作用最终反映出来。虽然0.1μm滤膜和0.45μm滤膜的孔径相差4.5倍，但它们处理液的COD并没有成倍的差异，7天的水样最大相差只有21mg/L，这主要是由废水中COD组分的粒径分布决定的：在一般的城市污水中，粒径在0.001μm以下和1μm以上的组分占绝大多数，而在0.1～0.45μm的组分较少。因此，这两种孔径明显不同的滤膜分离得到的处理液的COD并没有想象的那么大。但是，这也表明，不同分离方法之间的差异随不同的废水会得到不同结果。

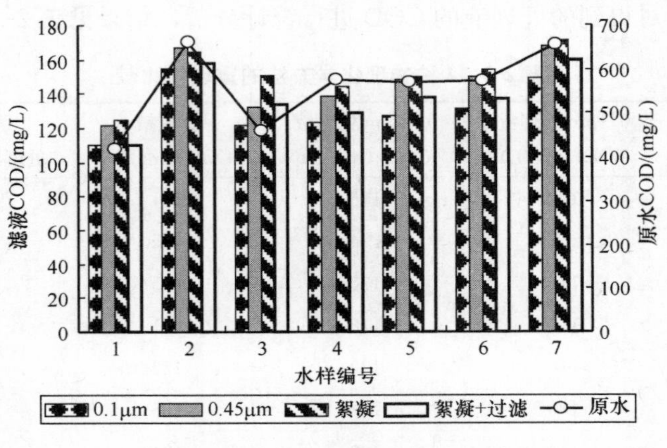

图2-3　4种物理化学方法的分离效果

2.3.3　处理液的生物学特性

基于快速易生物降解COD(RBCOD）主要是溶解性组分这一概念，这4种物理化学方法都曾被用于RBCOD的间接测量：对原水和二沉池出水分别进行絮凝或/和过滤，得到两个处理液的COD之差被认为是RBCOD。事实上，越来越多的研究已经表明，COD组分的物理化学性质和生物学性质并非一致。Dold等[11]发现，对于城市污水，用分离值小于10000分子量的超滤过滤得到的RBCOD与传统生物法的结果较接近；Bortone等[12]却发现对于纺织废水，用同样滤膜得到的RBCOD低于生物法；Sollfrank等[13]发现部分溶解性COD是慢速生物降解的；Mamais等[14]发现，絮凝过滤得到的RBCOD与生物法相似；Torrijos等[15]的研究证实，用0.1μm滤膜过滤后的废水无SBCOD；而Spanjers等[16]发现0.45μm滤膜过滤的废水的生物学响应比原水低，表明易生物降解基质被截留在滤膜上。从这些研究结果很难得出一致的结论，不同的废水需要专门的研究。而且这些研究主要是对生物学方法得到的结果与物理化学法得到的结果的对比，缺乏对物理化学法分离得到的滤液直接进行生物学测试。

对0.1μm滤膜、0.45μm滤膜、絮凝和絮凝＋0.45μm滤膜过滤得到的处理液进行呼吸测量，以评价物理化学方法表征可生物降解COD组分的能力。实验结果如图 2-4～图 2-8 所示。

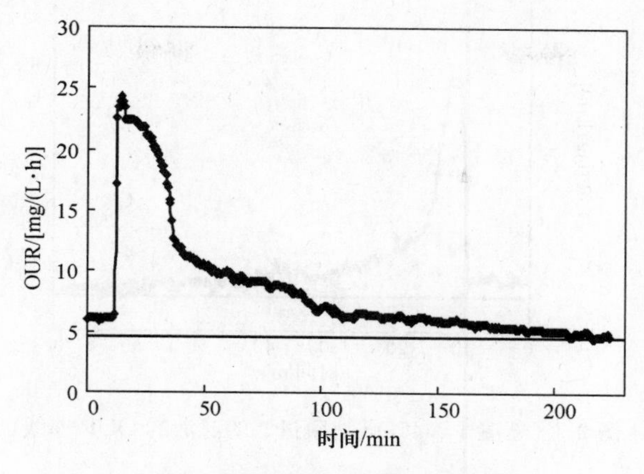

图 2-4　原污水的 OUR 曲线

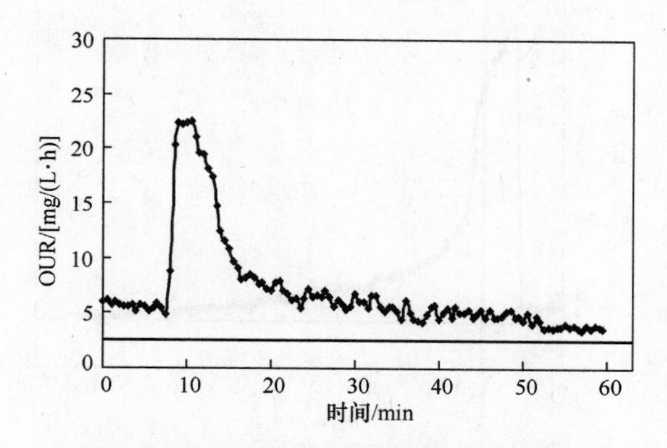

图 2-5　0.1μm 滤膜过滤的滤液的 OUR 曲线

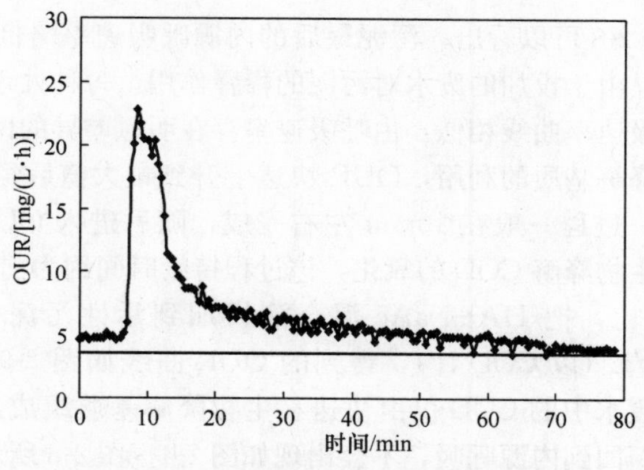

图 2-6　0.45μm 滤膜过滤的滤液的 OUR 曲线

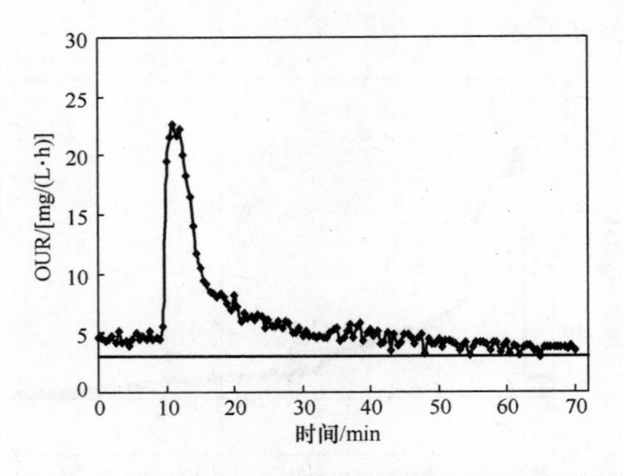

图 2-7　絮凝+0.45μm滤膜过滤的滤液的OUR曲线

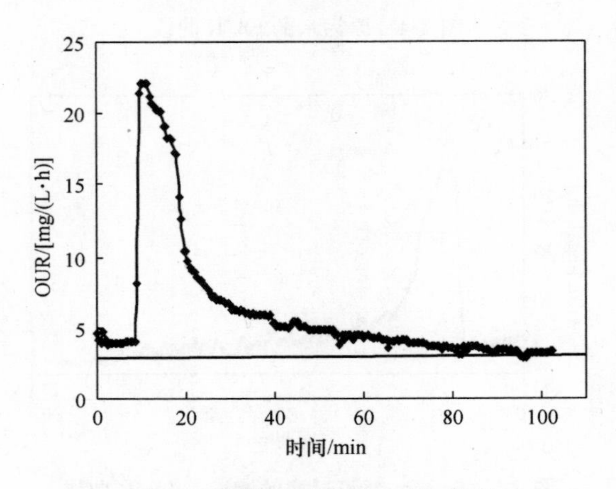

图 2-8　絮凝上清液的OUR曲线

从图 2-4～图 2-8 可以看出，污泥最后的内源呼吸速率略低于初始的内源呼吸速率，这主要是由于投加的废水对污泥的稀释作用。每种处理液的呼吸速率曲线都与原水的呼吸速率曲线相似：由呼吸速率存在明显差异的两段组成，前段表现为快速易生物降解基质的利用，OUR 快速上升到最大值后经短暂相持进入快速下降阶段，这一过程一般在 10min 左右完成，随后进入 OUR 缓慢降低的阶段，对应慢速可生物降解 COD 的氧化，该过程持续时间约为前一个过程的 4～5 倍。为了便于对比，把 HAc-NaAc 混合液投加到活性污泥中，浓度分别为 15mg/L 和 20mg/L（以 COD 计），得到的 OUR 曲线如图 2-9 和图 2-10 所示。结果表明，如果废水中的 COD 仅由快速易生物降解基质组成，那么它的 OUR 将会直接快速重新回到内源呼吸，不会出现如图 2-4～图 2-8 所示的 OUR 曲线分段的情形。因此，4 种物理化学方法得到的处理液的可生物降解 COD 仍包括降解速率存在明显差异的物质，即物理化学方法不能将快速易生物降解COD和慢速易生物降解COD有效分离。为了定量分析，对某两天4种处理液的OUR曲线进行积分计算，得到滤液的总的可生物降解COD（BCOD）和快速易生物降解COD（RBCOD），结果见表2-3。

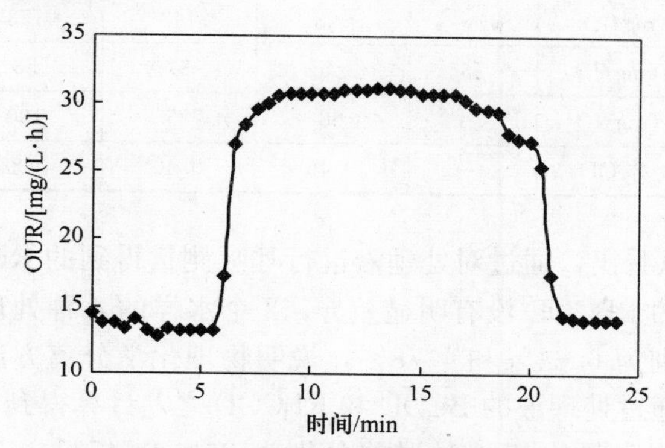

图2-9　HAc-NaAc混合液投加到活性污泥中（15mgCOD/L）的OUR曲线

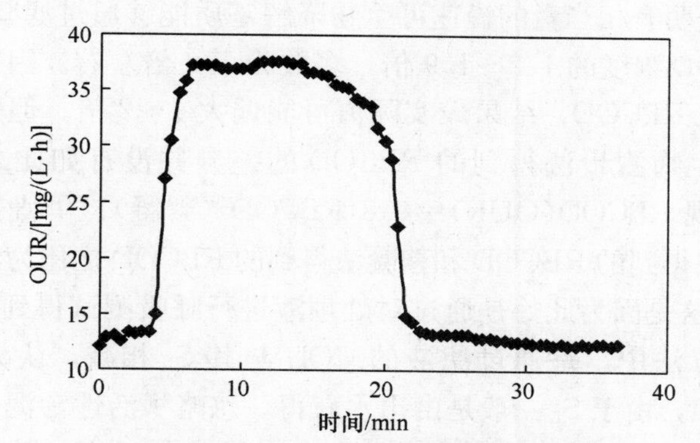

图2-10　HAc-NaAc混合液加到活性污泥中（20mgCOD/L）的OUR曲线

表2-3　4种滤液的COD组分计算结果

水样	指　标	原水	0.1μm滤液	0.45μm滤液	絮凝液	絮凝+0.45μm滤液
水样1	COD/(mg/L)	575	131	150	154	137
	BCOD/(mg/L)	—	116	123	110	107
	RBCOD/(mg/L)	46	44	47	40	43
	SBCOD/(mg/L)	—	70	77	64	61
	RBCOD/BCOD	—	0.38	0.38	0.36	0.40

续表

水样	指 标	原水	0.1μm滤液	0.45μm滤液	絮凝液	絮凝+0.45μm滤液
水样2	COD/(mg/L)	757	149	168	171	160
	BCOD/(mg/L)	—	123	142	153	134
	RBCOD/(mg/L)	53	55	57	53	51
	SBCOD/(mg/L)	—	68	85	100	83
	RBCOD/BCOD	—	0.45	0.40	0.35	0.38

由表2-3可以看出，通过对处理液进行呼吸测量得到的RBCOD与对原水进行呼吸测量得到的RBCOD没有明显差异，2个水样的4种处理液的RBCOD的计算值的CV分别为6.64%和4.78%，说明物理化学分离方法对RBCOD基本没有影响。但是通过处理液的BCOD和RBCOD之差计算得到的SBCOD却有很大的差异，最大值和最小值相对误差分别为26%和47%，CV分别为10%和16%。无论哪种方法得到的处理液BCOD都明显大于RBCOD，两者之比为0.35～0.45，表明有相当量的慢速可生物降解基质能够通过滤膜而进入处理液，其浓度为RBCOD浓度的1.2～1.9倍，多数为1.6倍左右。因此，如果用物理化学方法来表征RBCOD，结果较实际值可能偏大1～2倍。但是在实践中，物理化学方法和生物测量法得到的RBCOD的差异并没有如此之大，如周雪飞等[17]的研究发现RBCOD(OUR)＝0.81RBCOD（絮凝）；华盛顿大学的调查显示，呼吸测量法得到的RBCOD和絮凝法得到的RBCOD之比为0.58～0.78，平均为0.66[18]。这是因为此处是通过对处理液进行呼吸测试得到的BCOD，而在一般物理化学方法中，是通过滤液的COD与其S_I相减，认为两者之差就是RBCOD(BCOD)，由于S_I一般是由出水获得，忽略了活性污泥系统中细胞惰性产物的产生和残留的溶解性可生物降解COD，使得S_I高估，进而低估了滤液中的BCOD，最终降低了物理化学方法对污水中RBCOD的高估的程度。因此，可以预计，无论通过哪种物理化学方法来确定污水中的RBCOD，其被高估的程度可能远远大于以前所认为的。

2.4 对物理化学方法的综合评价

首先必须肯定的是，在城市污水COD组分的表征中，物理化学方法是必需的，但它必须是以合适的方法用于合适的组分。以往由于对其在操作上的简单性的过度重视而忽略或是默认了其在准确性和合理性方面存在的缺陷。随着研究的不断深入，这些缺陷越加显现并为人们所认识。例如，过去使用物理化学方法对二沉池出水进行分离，把滤液中的 COD 认为是进水溶解性不可生物降解 COD 组分（S_I），这种做法的两个假设前提［出水中 RBCOD 的浓度相对于 S_I 可以忽略和系统内没有 S_I(S_P）生成］难以成立。尽管大多数有关微生物产生溶解性惰性有机产物 S_P 的证据都来源于用诸如葡萄糖等已知基质进行的实验，但已经证实废水处理过程也能产生这类物质[19,20]。关于 S_P 的性质还不完全清楚，大多数研究认为它是持久性的，也有研究认为是可生物降解的，但其速率比进水中的可生物降解 COD 慢而导致其在系统中累积。实验证据支持假定部分 S_P 以很低的速率降解以至于在活性污泥系统的运行条件下是惰性的[21]。已经有一些实验方法来区分 S_P 和进水 S_I[19,22,23]。二沉池出水中溶解性可生物降解 COD 的浓度受到很多因素的影响，而且一般城市污水中 S_I 的浓度本身就比较低，前者相对于后者并非总是可以忽略。因此，使用物理化学方法直接测定污水中 S_I 会得到明显偏高的结果。实验证明，原水的处理液中慢速可生物降解 COD 的浓度甚至高于易生物降解 COD 的浓度，如果通过物理化学方法来过滤原水，再利用没能得到准确测定的 S_I 来确定 RBCOD，这种做法本身不甚合理，结果自然不可靠。

在以往的研究工作中，重点都集中于选择一种更合适物理化学方法（如孔径的大小、絮凝剂的种类）以期能够得到对城市污水中溶解性不可生物降解 COD 组分 S_I 和快速易生物降解 COD 组分 RBCOD 更加准确的测定，尤其是后者。但是，从 COD 组分的粒径分布来看，城市污水中粒径在 0.1μm 以下和 1μm 以上的组分占总 COD 的绝大部分，胶体和粒径在 0.1～0.45μm 的组分占很小的比例。因此，不同物理化学分离方法得到的结果的差异有限，不足以改进由于方法本身的不合理应用造成的误差。这些问题的解决需要一种新的思路。

可生物降解 COD 组分的生物法测量虽然在具体操作上比较复杂，但这毕竟是一套完备的方法，并且可以改进。然而，目前尚没有方法能够直接测量不可生物降解 COD 组分。因此，提出过滤-呼吸测量方法对其进行测定。首先对原水进行物理化学分离，目的主要是把溶解性和颗粒性不可生物降解 COD 组分（S_I 和 X_I）区别开来，并测量滤液的总 COD；然后对滤液进行呼吸测量，确定其中的可生物降解 COD 组分 BCOD，两者之差即为原水的 S_I。在这里，物理化学方法起到分离溶解性和颗粒性组分的作用，呼吸测量方法则起到了确定可生物降解组分的作用。这种方法的优点是不会受到惰性产物和残留的可生物降解 COD 组分的干扰，结果能够真实反映原始污水中的 S_I 组分。对本章的 2 个水样，4 种物理化学方法对应的原水中的 S_I 浓度见表 2-4。

由表 2-4 可以看出，不同方法对应的 S_I 有差异，并且这种差异并不稳定。S_I 在原水中的比例为 2.61％～7.65％，处于文献所报道的范围的下限。为此，从以下几个方面考虑选择一种合适的物理化学方法作为固定的方法：

（1）就重现性而言，4 种常用的物理化学方法之间没有明显区别，但是单纯絮凝的方法可能受到的干扰相对要多一些。

(2) 从实用性来看，当用滤膜直接过滤原污水时，无论是0.1μm的滤膜还是0.45μm的滤膜，堵塞情况都非常严重，两种孔径的滤膜的水通量没有大的不同，1张滤膜连续抽滤60min只能得到约40mL滤液，原水过滤耗时较长。进行呼吸测量时，为了保证有足够数量的基质以产生明显的OUR响应，所需要的滤液的体积至少是几百甚至几千毫升。絮凝上清液的过滤速率较快，容易获得所需的滤液量。

(3) 在活性污泥模型中，S_I被定义为能够随二沉池出水流出系统的COD组分，即不能在二沉池中被活性污泥吸附和絮凝进而通过污泥沉淀作用加以去除的COD组分，对其粒径并没有明确的规定。因此，絮凝上清液或者絮凝过滤液更能与S_I性质接近。

综合以上3个方面的因素，絮凝+0.45μm滤膜过滤的方法更适合于根据本章提出的思路用于测定城市污水中的S_I。

表2-4 不同物理化学方法对应的废水中的S_I组分

水样	指标	原水	0.1μm滤液	0.45μm滤液	絮凝液	絮凝+0.45μm滤液
水样1	COD/(mg/L)	575	131	150	154	137
	BCOD/(mg/L)	—	116	123	110	107
	S_I/(mg/L)	—	15	27	44	30
	S_I/原水COD/%	—	2.61	4.70	7.65	5.22
水样2	COD/(mg/L)	757	149	168	171	160
	BCOD/(mg/L)	—	123	142	153	134
	S_I/(mg/L)	—	26	26	18	26
	S_I/原水COD/%	—	3.43	3.43	2.38	3.43

2.5 本章小结

本章对城市污水COD组分表征中常用的4种物理化学方法进行了系统的实验研究和理论分析，得到如下结论：

(1) 某些材料的滤膜在使用中有明显的"COD溶出"现象，特别是在过滤城市污水时，由于堵塞而使滤膜较长时间处于较高的负压环境下，很可能增大溶出量。因此，在使用物理化学方法时，对滤膜材料的选取和预先的滤洗是重要的，否则会对结果产生非常显著的影响。

(2) 4种物理化学方法的重现性都很好，相互之间没有明显区别。滤膜直接过滤完全是物理行为，结果不会受到外界条件的过多干扰，絮凝法牵涉到化学反应，相对容易受到干扰。

（3）通过对处理液进行呼吸测试，发现4种物理化学方法得到的处理液的可生物降解COD仍包括降解速率存在明显差异的物质，即物理化学方法不能将快速易生物降解COD和慢速生物降解COD有效分离，其中RBCOD仅占35%～45%。处理液的RBCOD与原水的RBCOD没有明显差异，说明物理化学分离对RBCOD基本没有影响。

（4）以往使用物理化学方法直接测定S_I并进而间接测定RBCOD的做法存在很大的不合理性，其对RBCOD的高估比以前人们一直所认为的还要大。因此，可以采用物理化学分离＋呼吸测量的方法表征S_I：对原水进行物理化学分离，测量处理液的总COD；对处理液进行呼吸测量，确定其中的可生物降解COD组分BCOD，两者之差即为原水的S_I。这种方法的优点是不会受到惰性产物和残留的可生物降解COD组分的干扰，结果能够真实反映原始污水中的S_I组分。综合精确性、实用性和合理性3个方面的因素考虑，絮凝＋0.45μm滤膜过滤方法更适用于这种方法的前处理。

参考文献

[1] Levine A D, Tchobanoglous G, Asano T. Characterisation of the size distribution of contaminants in wastewater: Treatment and reuse implications [J]. Journal of the Water Pollution Control Federation, 1985, 57(7): 805～816.

[2] Dulekgurgen E, Doğruel S, KarahanÖ, et al. Size distribution of wastewater COD fractions as an index for biodegradability [J]. Water Research, 2006, 40: 273～282.

[3] Levine A D, Tchobanoglous G, Asano T. Size distributions of particulate contaminants wastewater and their impact on treatbility [J]. Water Research, 1991, 25: 911～922.

[4] Hu Z Q, Chandran K, Smets B F, et al. Evaluation of a rapid physical-chemical method for the determination of extant soluble COD [J]. Water Research, 2002, 36: 617～624.

[5] Sophonsiri C, Morgenroth E. Chemical composition associated with different particle size fractions in municipal, industrial and agricultural wastewaters [J]. Chemosphere, 2004, 55(5): 691～703.

[6] Ginestet P, Maisonnier A, Spérandio M. Wastewater COD characterization: Biodegradability of physico-chemical fractions [J]. Water Science and Technology, 2002, 45(6): 89～97.

[7] Engström T, Gytel U. Different treatment methods for effluent from a pulp mill and their influence on fish health and propagation [C]. Proceedings of the 9th Gothenburg Symposium, Istanbul, 2000: 317～323.

[8] Doğruel S, Dulekgurgen E, Orhon D. Effect of ozonation on chemical oxygen demand fractionation and color profile of textile wastewaters [J]. Journal of Chemical Technology and Biotechnology, 2006, 81: 3～4.

[9] 卢培利，张代钧，张欣，等. 自动混合呼吸测量仪的开发与验证 [J]. 环境工程学报，2007，1(5)：118～123.

[10] 孙俊芬，王庆瑞. 影响聚醚砜超滤膜性能的因素[J]. 水处理技术，2003，29(6)：323～326.

[11] Dold P L，Bagg W K，Marais G V R. Measurement of readily biodegradable COD fraction in municipal wastewater by ultrafiltration [R]. Rondebosch：Department of Civil Engineering，University of Cape Town，1986.

[12] Bortone G，Chech J S，Germirli F，et al. Experimental approaches for the characterization of a nitrification/denitrification process on industrial wastewater [C]. Proceedings of 1st International Specialty Conference on Microorganisms in Activated Sludge and Biofilm Processes，Paris，1993：129～136.

[13] Sollfrank U，Gujer W. Characterisation of domestic wastewater for mathematical modeling of the activated sludge process [J]. Water Science and Technology，1991，23：1057～1066.

[14] Mamais D，Jenkins D，Pitt P. A rapid physical-chemical method for the determination of readily biodegradable soluble COD in municipal wastewater [J]. Water Research，1993，27(1)：195～197.

[15] Torrijos M，Cerro R M，Capdeville B，et al. Sequencing batch reactor：A tool for wastewater characterization for the IAWPRC model [J]. Water Science and Technology，1994，29(7)：81～90.

[16] Spanjers H，Vanrolleghem P A. Respirometry as a tool for rapid characterization of wastewater and activated sludge [J]. Water Science and Technology，1995，31(2)：105～114.

[17] 周雪飞，顾国维. ASMs中易生物降解有机物（SS）的物化测定方法 [J]. 给水排水，2003，11(29)：23～27.

[18] Melcer H，Dold P L，Jones R M，et al. Methods for Wastewater Characterization in Activated Sludge Modeling [M]. Alexandria：Water Environmental Research Foudation，2004.

[19] Germirli F，Orhon D，Artan N. Assessment of the initial inert soluble COD in industrial wastewaters [J]. Water Science and Technology，1991，23(4-6)：1077～1086.

[20] Sollfrank U，Kappeler J，Gujer W. Temperature effects on wastewater characterization and the release of soluble inert organic material [J]. Water Science and Technology，1992，25(6)：33～41.

[21] Orhon D，Ates E，Sozen S，et al. Characterization and COD fractionation of domestic wastewaters [J]. Environmental Pollution，1997，95(2)：191～204.

[22] Orhon D，Artan N，Ates E. A description of three methods for the determination of the initial inert particulate chemical oxygen demand of wastewater [J]. Journal of Chemical Technology and Biotechnology，1994，61：73～80.

[23] Orhon D，Karahan O，Sozen S. The effect of residual microbial products on the experimental assessment of the particulate inert COD in wastewaters [J]. Water Science and Technology，1999，33(14)：3191～3203.

第 3 章　快速和慢速可生物降解 COD 组分表征

废水 COD 中可生物降解组分（快速易生物降解 COD-RBCOD 和慢速可生物降解 COD-SBCOD）是活性污泥过程的直接处理对象，是活性污泥模型所模拟的生物化学反应过程的主要参与组分。开发或选择测定这些组分的实验方法应该与活性污泥过程的模型概念相一致。生物学表征方法基于连续或批式实验测量与基质降解伴随发生的生物响应，是表征城市污水可生物降解 COD 组分最基本的方法。但是，由于生物测试方法自身的复杂性，其对人员和仪器都有比较高的要求，使得在实践中生物学方法常被物理化学方法所替代。第 2 章的研究结果证实，常用的物理化学分离方法得到的滤液中所谓“溶解性可生物降解 COD”有相当部分是慢速生物降解的。事实上，溶解性慢速可生物降解 COD（快速水解 COD）已经被独立出来作为一个单独的 COD 组分[1~4]。曾有学者提出用一定粒径范围的胶体来代表 SBCOD，如 Torrijos 等[5]提出用 0.1～50μm 的胶体来确定 SBCOD，但实验结果表明胶态物质主要通过物理作用去除，与生物氧化无关；Bunch 等[6]也发现，0.03～1.5μm 的胶体可能通过吸附作用而去除，但之后并未观察到因这些胶体解体而出现的溶解性有机物的增加和对应的 O_2 的消耗；除胶体外，部分溶解性基质和可沉淀基质也可能属于 SBCOD，使得完全依靠物理化学方法来确定 SBCOD 存在很大的问题。因此，物化表征方法的理论依据与废水中可生物降解 COD 组分划分的依据不一致，不能对这类组分进行合理的识别和表征。

基于可生物降解 COD 组分降解的生物学响应的生物测试方法是表征这些组分的理想的方法。一是好氧条件下氧气的利用速率（OUR），即好氧呼吸测量[7~11]；另一是缺氧条件下硝酸盐的利用速率（NUR），即缺氧呼吸测量[12]。由于缺氧反应的条件不如好氧反应容易控制，硝酸盐浓度的在线测量不如溶解氧浓度的测量方便，同时可能受到亚硝酸盐的影响，加之在实际的污水处理中可生物降解 COD 也主要是通过好氧过程去除等原因，NUR 测试用于污水 COD 组分表征的潜力不如 OUR 测试。

理论上，呼吸测量能够同时表征 RBCOD 和 SBCOD 组分。然而，迄今为止，呼吸测量方法还主要用于 RBCOD 的表征，并且由于 RBCOD 降解速率较快，要求采用的呼吸测量方法具有较高的测试频率[2]；由于 SBCOD 降解速率较慢，需要进行长时间的呼吸测量才能得到全部 SBCOD 降解的 OUR 曲线，因此需要具有较高自动化程度、能够长期稳定运行的呼吸测量仪器。由于测试手段的限制，呼吸测量方法没能很好地应用于可生物降解COD组分的表征。本章运用混合呼吸测量仪对废水中RBCOD和SBCOD降解进行全呼吸测量，考察了呼吸实验的最佳初始基质浓度和微生物浓度之比[$S(0)/X(0)$]对呼吸速率曲线分段特性的影响，分别采用台阶判断法和数学模型解析法对呼吸速率曲线进行解析，同时确定RBCOD和SBCOD。

3.1　混合呼吸仪COD表征性能评估

利用呼吸测量同时表征RBCOD和SBCOD的方法的关键是能够长期稳定、可靠运行的呼吸测量。为此，首先通过长期运行稳定性实验、基质加标回收实验评估混合呼吸仪在COD组分表征方面的性能。

3.1.1　长期运行稳定性

一般呼吸测量实验的时间跨度从数十分钟到数小时，呼吸仪在这个时间尺度内必须能够稳定地连续运行。为此进行了持续12h的连续反复异养呼吸实验。

1. 实验方法与程序

活性污泥来自实验室长期运行的SBR反应器，进水为人工合成废水。有机基质分别是浓度为20g/L（以COD计）的葡萄糖溶液和等摩尔的乙酸-乙酸钠（HAc-NaAc）混合液。浓度为20g/L的丙烯基硫脲（ATU）溶液用于抑制硝化反应，浓度为2mol/L的HCl和NaOH用于调节pH。

取2L浓缩污泥至混合呼吸测量仪的曝气室中，稀释至4L，MLVSS浓度约2500mg/L，并向其中投加ATU，浓度达到20mg/L。打开蠕动泵使污泥混合液在曝气室、测量室和呼吸室中循环。打开呼吸仪测量软件，从内源呼吸速率开始记录。然后向曝气室中投加葡萄糖溶液4mL，使呼吸仪中的基质浓度为20mg/L，通过软件观察呼吸速率的变化；2h后（已经重新进入内源呼吸）再投加葡萄糖溶液8mL，使呼吸仪中的基质浓度为40mg/L。如此交替反复，每个浓度重复3次。实验中pH为7.5～8.5，温度为25℃，实验总历时12h。

葡萄糖为基质的实验完成后，重新更换污泥，进行以HAc-NaAc混合液为基质的实验，实验方法与葡萄糖的实验方法完全相同。

整个实验中投加的物质体积占混合液总体积的1%左右，每个周期内微生物生长不超过初始污泥浓度的1%，体积和污泥浓度的变化均可以忽略。

2. 结果与讨论

混合呼吸测量仪在2次连续12h的运行中在硬件和软件上都表现出很好的稳

定性。一旦实验准备好后，仪器就能自动运行。实验数据以电子表格的形式自动保存在计算机指定的位置。实验结果如图 3-1 和图 3-2 所示，图中同时给出了 2 只溶解氧传感器测量到的溶解氧浓度的变化曲线。从这些曲线的形状上可以看出实验结果具有良好的重现性。为了能够对这种重现性进行定量评价，选取 OUR 曲线的峰高和峰面积作为评价指标。峰高代表最大呼吸速率，在基质饱和情况下，主要由活性污泥微生物浓度（活性）决定；峰面积代表基质降解消耗的氧气量，主要由基质浓度和类型决定。两者都是一个呼吸测量的最基本的特征量，也是呼吸测量能够提供的最有用的信息。

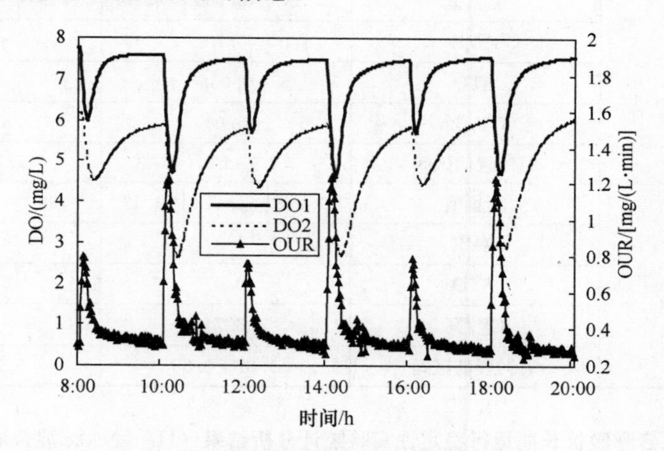

图 3-1　葡萄糖为基质时的 DO 和 OUR 曲线

低 OUR 峰值对应 4mL 投加量；高 OUR 峰值对应 8mL 投加量

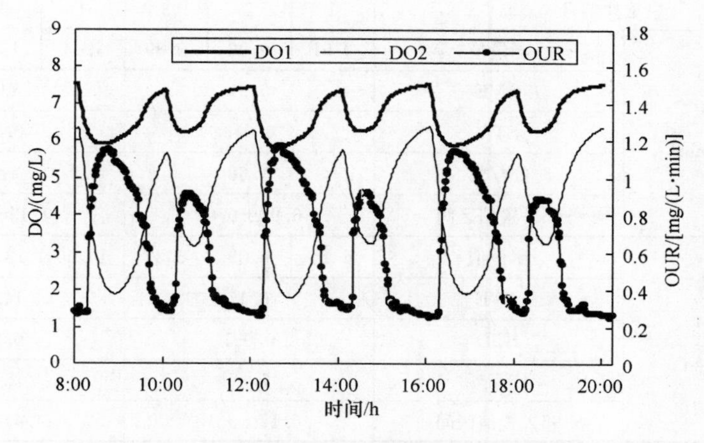

图 3-2　HAc-NaAc 混合液为基质时的 DO 和 OUR 曲线

低 OUR 峰值对应 4mL 投加量；高 OUR 峰值对应 8mL 投加量

对图3-1和图3-2中2种基质在2个浓度下的三重样的峰值和峰面积进行统计分析，统计量包括AVE、STD、CV和95%置信度下的置信区间。统计结果见表3-1和表3-2。

表3-1 混合呼吸仪长期运行稳定性实验统计分析结果（葡萄糖为基质）

基质类型		葡萄糖					
浓度/(mg/L)		20			40		
三重样编号		1	2	3	1	2	3
峰高/[mg/(L·min)]	测量值	0.73	0.66	0.70	1.19	1.16	1.13
	AVE	0.70			1.16		
	STD	0.035			0.03		
	CV/%	5.04			2.59		
	95%置信区间	0.70±0.04			1.16±0.03		
峰面积/(mg/L)	测量值	0.99	1.11	1.12	3.38	3.59	3.28
	AVE	1.07			3.42		
	STD	0.07			0.16		
	CV/%	6.74			4.63		
	95%置信区间	1.07±0.08			3.42±0.18		

表3-2 混合呼吸仪长期运行稳定性实验统计分析结果（HAc-NaAc混合液为基质）

基质类型		HAc-NaAc混合液					
浓度/(mg/L)		20			40		
三重样编号		1	2	3	1	2	3
峰高/[mg/(L·min)]	测量值	0.91	0.92	0.89	1.14	1.17	1.14
	AVE	0.91			1.15		
	STD	0.015			0.017		
	CV/%	1.68			1.51		
	95%置信区间	0.91±0.02			1.15±0.02		
峰面积/(mg/L)	测量值	6.16	6.09	6.27	14.60	13.98	14.66
	AVE	6.17			14.41		
	STD	0.091			0.373		
	CV/%	1.47			2.61		
	95%置信区间	6.17±0.10			14.41±0.43		

由表3-1可以看出，以葡萄糖为基质时，所有测量的变动系数为2.59%～6.74%，峰高测量的重现性好于峰面积，高浓度测量的重现性好于低浓度。但是

在表 3-2 中，以 HAc-NaAc 混合液为基质时，所有测量的变动系数为 1.47%～2.61%，不同物理量之间和不同浓度之间的重现性没有明显区别。后者的测量结果的重现性高于前者，相同浓度下两者的峰高值基本相当，但峰面积相差 5 倍左右，表明葡萄糖作为基质时的耗氧量远远小于正常值，这与已有研究证实的葡萄糖不适合用做呼吸测量实验的模拟基质的结论一致[13]。

不同浓度 HAc-NaAc 基质的连续多重实验结果的变动系数在 3%以内，95%置信度下置信区间的宽度都在均值的 6%以内，表明本研究开发的新型混合呼吸仪在相同的实验条件下能够得到非常一致的结果，具有很好的长期运行稳定性。

3.1.2　基质加标回收

1. 实验方法与程序

可生物降解基质（COD 或氨氮）在被微生物降解时，其浓度和耗氧量之间的化学计量关系为

$$\mathrm{COD}(0) = (1 - Y_{\mathrm{H}})\int \mathrm{OUR}_{\mathrm{ex}}(t)\mathrm{d}t \tag{3-1}$$

$$\mathrm{NH_4^+ - N}(0) = (4.57 - Y_{\mathrm{A}})\int \mathrm{OUR}_{\mathrm{ex}}(t)\mathrm{d}t \tag{3-2}$$

首先进行一系列浓度的呼吸实验，对基质浓度和耗氧量数据组进行线性回归，其斜率可以认为是（$1-Y_{\mathrm{H}}$）；利用已知量的基质进行呼吸测量，根据得到的化学计量关系和呼吸测量结果计算基质量，通过基质加标回收率反映呼吸仪在组分表征方面的准确性。

实验材料、实验条件和呼吸仪的操作与 3.1.1 节类似。不同的是除实验室污泥外，还利用污水处理厂的新鲜污泥进行了 HAc-NaAc 混合液为基质的加标回收实验。此污泥取自重庆市某污水处理厂曝气池出水处，使用前进行了浓缩、淘洗、空曝和驯化处理。ATU 被用于抑制硝化。

2. 结果与讨论

图 3-3 是用实验室污泥得到的以葡萄糖为基质的校核曲线，图 3-4 是用实验室污泥得到的以 HAc-NaAc 为基质的校核曲线，图 3-5 是用污水处理厂新鲜污泥得到的以 HAc-NaAc 为基质的校核曲线。对比这些校核曲线，发现葡萄糖作为基质时的耗氧量远小于同等浓度的 HAc-NaAc，即对应的产率系数 Y_{H} 明显超出正常值范围。当以 HAc-NaAc 为基质时，其产率系数 Y_{H} 在正常值范围内，但不同的污泥也对应明显不同的值。

得到校核曲线后，再对每种基质进行 COD 浓度分别为 20mg/L 和 40mg/L（此浓度不包含在校核曲线内）的呼吸实验，根据校核曲线得到的计量关系计算

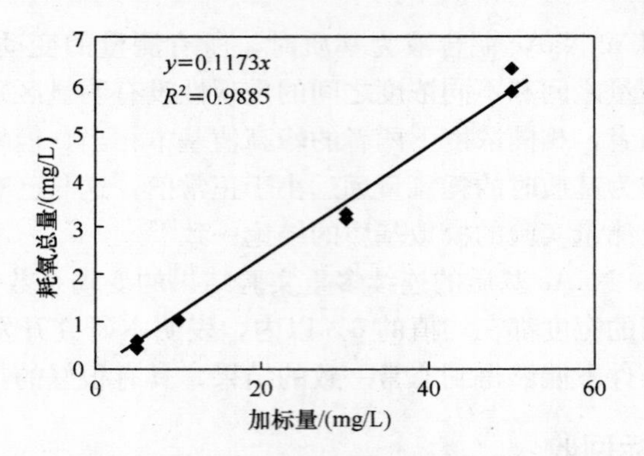

图 3-3　葡萄糖为基质时COD和耗氧量的校核曲线

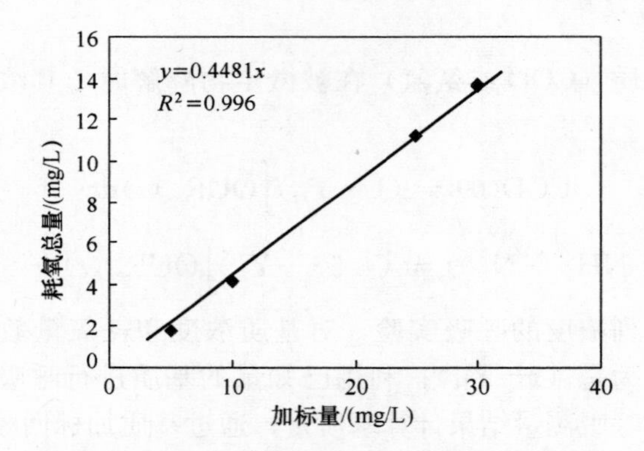

图 3-4　HAc-NaAc为基质时COD和耗氧量的校核曲线（实验室污泥）

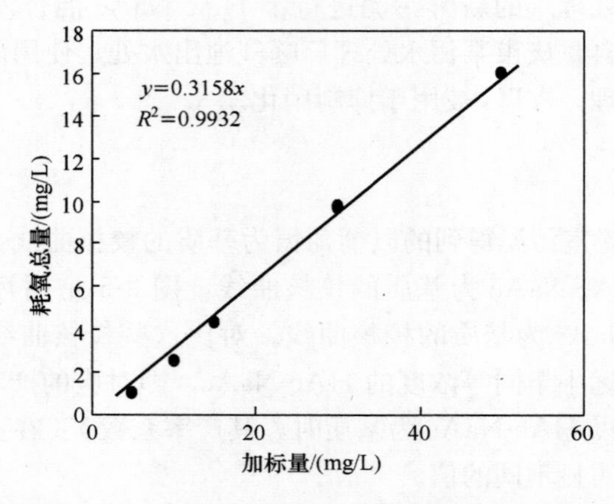

图 3-5　HAc-NaAc为基质时COD和耗氧量的校核曲线（污水处理厂污泥）

基质浓度，每个实验重复 3 次，统计回收率、测试结果的标准偏差和变动系数，结果见表 3-3。

表 3-3　加标回收实验统计分析结果

基　质		葡萄糖		HAc-NaAc（实验室污泥）		HAc-NaAc（污水处理厂污泥）	
加标量/(mg/L)		20	40	20	40	20	40
耗氧总量/(mg/L)	1	2.00	4.51	9.84	19.25	6.46	11.97
	2	2.15	4.47	9.21	19.98	6.44	11.22
	3	2.08	4.59	9.57	19.06	6.33	12.09
Y_H (mgCOD/mgCOD)		0.883		0.552		0.680	
实测基质浓度/(mg/L)	1	17.09	38.43	21.96	42.96	20.19	37.41
	2	18.32	38.14	20.56	44.61	20.13	35.06
	3	17.72	39.12	21.35	42.56	19.78	37.78
	AVE	17.71	38.56	21.29	43.38	20.03	36.75
	STD	0.6151	0.5034	0.7021	1.0877	0.22	1.48
	CV/%	3.47	1.31	3.30	2.51	1.10	4.03
回收率/%	1	85.45	96.08	109.80	107.40	100.95	93.53
	2	91.60	95.35	102.80	111.53	100.65	87.65
	3	88.60	97.80	106.75	106.40	98.9	94.45
	AVE	88.55	96.41	106.45	108.45	100.17	91.88
实测浓度 95%置信区间		19.68±1.07(20*)，39.56±2.03(40*)					
回收率 95%置信区间		98.39±5.37(20*)，98.91±5.09(40*)，98.65±3.59（所有加标浓度）					

* 加标浓度，mg/L。

由表 3-3 可以看出，所有测试结果的 CV 都在 4%以内，回收率为 89%～108%，不同的基质没有显著区别。把加标浓度为 20mg/L 的 9 个测试结果和浓度为 40mg/L 的 9 个测试结果分别作为一组进行统计；不区分浓度和基质，对所有 27 个回收率进行统计。结果表明，由于总体样本数的增加，统计得到的实测值更加接近理论值，回收率达到 98%，测量值和回收率的 95%置信区间的宽度为均值的 10%左右。

Spanjers 等[14]用 RA-1000 呼吸仪测量曝气池中的 RBCOD，CV 为 2%～6%；Witteborg 等[15]用 RA-1000 呼吸仪测量进水中的 RBCOD，CV 在 15%以内。一般化学分析方法测定 COD 的准确度和重现性见表 3-4[16]。由此可以看出，混合呼吸仪在测量可生物降解 COD 上的精度能够满足要求。

表 3-4 COD化学分析方法的准确度和重现性

方法名称	加标浓度/(mg/L)	参加协作实验室数	实验室内CV/%	实验室间CV/%	回收率/%	相对误差/%
重铬酸钾法	150	6	4.3	5.3	—	—
库仑法	50	13	1.4	2.8	—	2.0
	14～25.8	17	≤6.2	—	—	—
	88.4～105	13	≤8.3	—	—	—
快速密闭催化消解法（含光度法）	9.02	10	2.8～11.1	10.7	105.4	5.5
	90.2		1.0～4.3	4.7	103.1	3.1
	301.8		0.2～2.0	2.0	99.7	−0.26
	603.6		0.2～1.3	1.4	99.9	−0.1
节能加热法	140	7	1.5	3.1	86.0～97.2	—
	870		2.6	2.67	90.9～96.0	—

3.2 RBCOD和SBCOD的呼吸法表征

3.2.1 产率系数的确定

呼吸测量方法测定污水中可生物降解COD组分需要运用式（3-1）所描述的基质降解量和对应的氧气消耗量之间的化学计量关系。因此，确定产率系数Y_H是必要的。在COD组分表征的实践中，可以通过建立校核曲线的方式来获得Y_H。

在城市污水的活性污泥处理工艺中，无论是RBCOD还是SBCOD，最终主要以乙酸盐的形式被微生物细胞利用。因此，在实践中通常选择乙酸钠作为模拟基质来建立校核曲线。乙酸钠一般含结晶水，根据理论计算，$CH_3COONa \cdot 3H_2O$的COD当量为0.41gCOD/g$CH_3COONa \cdot 3H_2O$，换算为乙酸钠为0.68gCOD/gCH_3COONa。但是实测结果显示这两个当量系数的实际值分别为0.46和0.76，与Ziglio等[17]得到的0.75一致，与理论值有偏差，如图3-6所示。

异养菌产率系数Y_H的大小取决于底物的性质和进行降解的微生物体。对于各种不同的单一底物进行纯培养，发现Y_H为0.46～0.69。进行混合底物的培养也发现Y_H值在这个范围内。在pH中性和城市污水条件下Y_H的典型值是0.67。对于一个固定的城市污水处理厂，其污水的水质和活性污泥的种群结构具有一定的稳定性，因此Y_H在实践中常被看为常数。根据实验得到的COD当量，使用$CH_3COONa \cdot 3H_2O$作为RBCOD的模拟基质，对同一个污水处理厂的污泥在一个月内每隔约10d进行的3次呼吸实验测量得到的不同COD浓度的耗氧量的回

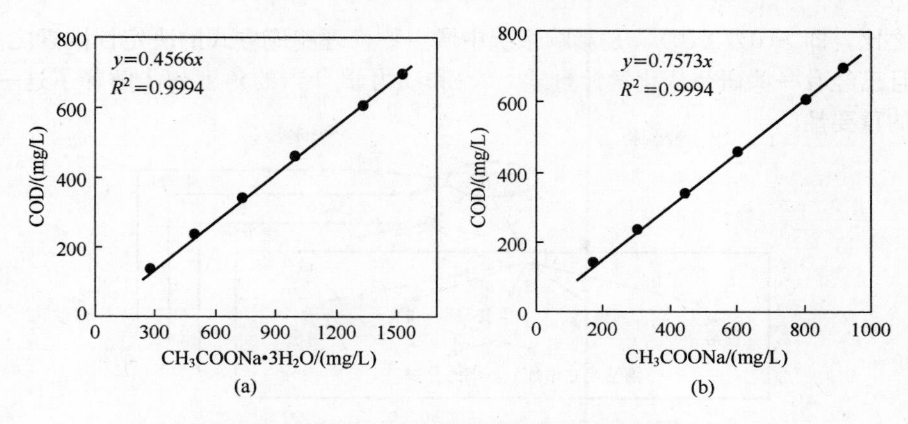

图 3-6　$CH_3COONa \cdot 3H_2O$ 和 CH_3COONa 的 COD 当量

归结果如图 3-7 所示。得到的 $1-Y_H$ 分别为 0.33、0.31 和 0.34，变动系数在 5%以内，对应的 Y_H 与典型值 0.67 非常接近。表明在使用呼吸测量法测量同一个城市污水处理厂进水中可生物降解 COD 组分时，没有必要每次都重新建立基质降解量和耗氧量之间的校核曲线，只需在正常情况下定期修正或遇到异常情况时修正即可。

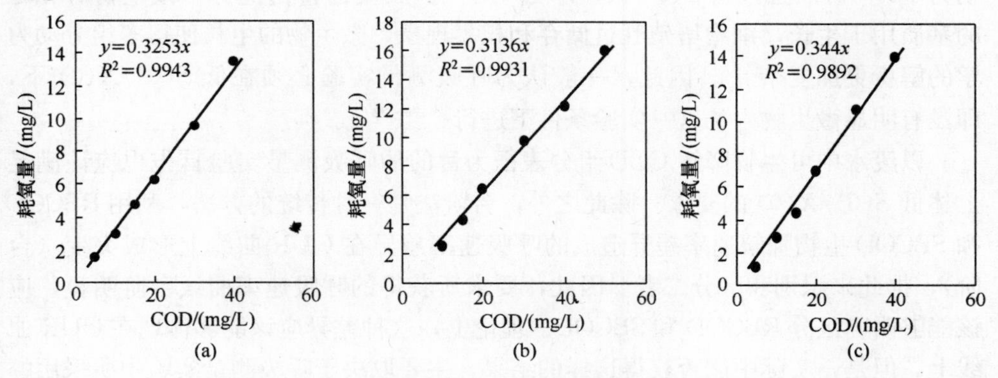

图 3-7　乙酸钠（COD）和耗氧量之间的校核曲线

3.2.2　呼吸测量同时测定 RBCOD 和 SBCOD 的台阶法

1. 呼吸测量最佳 $S(0)/X(0)$ 的确定

如图 3-8 所示[18]，外源有机基质（COD）在单个微生物中利用包括细胞维持、细胞生长、基质贮存和能量泄漏等多种生物代谢过程，随外部环境条件的不同，其中的某一种代谢处于主导地位。同时，环境条件还决定了基质在不同微生物之间的分配，因此导致微生物种群结构的变化[19]。初始基质浓度和微生物浓度之比，即 $S(0)/X(0)$，是影响系统中微生物生理响应方式的决定性因素之一，并且已经有一些研究从化学计量学[20~22]和动力学[23,24]的角度初步解释了这一比值的重要性。

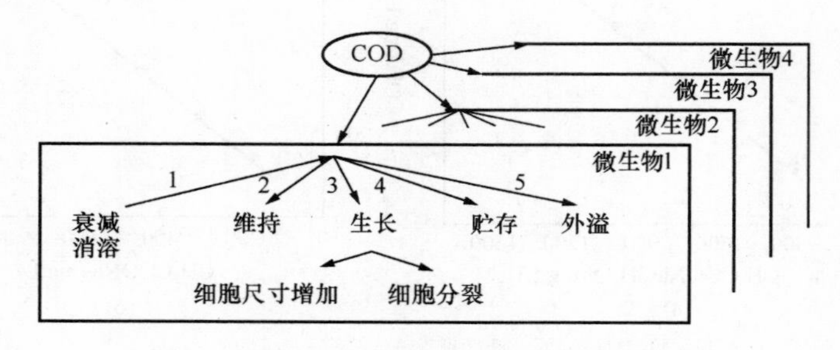

图 3-8　外源 COD 基质在微生物中的流动

氧利用速率 OUR 是微生物生理响应的外在表现，用于呼吸测量的活性污泥系统的 $S(0)/X(0)$ 是影响 OUR 曲线所包含信息质量和种类的关键因素。在高 $S(0)/X(0)$ 下测量到的动力学更多反映了微生物的最终能力（固有动力学），而在低 $S(0)/X(0)$ 下测量到的动力学则更多反映了实验前细胞的生理状态（现有动力学）[24]。而且，当 $S(0)/X(0)$ 较高时，合成代谢将占优势，微生物有充足的基质用于生长，细胞增殖胜过储存和积累现象，微生物的生长使得多组分动力学的解析更加复杂[25]。因此，一般认为呼吸测量实验必须在低 $S(0)/X(0)$ 下，即没有明显微生物生长这一实验条件下进行[24,26~28]。

以废水中可生物降解 COD 组分表征为目的的呼吸测量实验首先也应该满足上述低 $S(0)/X(0)$ 的要求。除此之外，台阶法是一种传统的方法，利用 RBCOD 和 SBCOD 生物降解速率差异造成的呼吸速率差异在 OUR 曲线上形成突变（台阶），据此来识别和区分二者。因此，要求所获得的呼吸速率曲线台阶明显，应该能够明确区分 RBCOD 和 SBCOD。理论上，这种差异应该能够体现在 OUR 曲线上。但是，实际中能否获得这样的结果，主要取决于呼吸测量实验中所采用的 $S(0)/X(0)$。

对非同一天的污水和污泥分别进行了 6 个 $S(0)/X(0)$ 比例的实验，第一次实验的比例为 0.05～0.60gCOD/gVSS，第二次实验的比例为 0.05～0.80gCOD/gVSS。除个别比例外，两次实验所采用的比例大部分相同，结果如图 3-9 和图 3-10所示。两次实验的结果基本一致。当 $S(0)/X(0)$ 为 0.1 和 0.05 时，在 OUR 曲线中完全无法区分 RBCOD 和 SBCOD 降解。这是由于 $S(0)/X(0)$ 过低，RBCOD 降解过快，得到的是一个很高很窄的 OUR 曲线，即使非常优秀的呼吸测量系统也难以提供足够高的测量频率对易降解 COD 组分的快速氧化过程进行正确的观测。

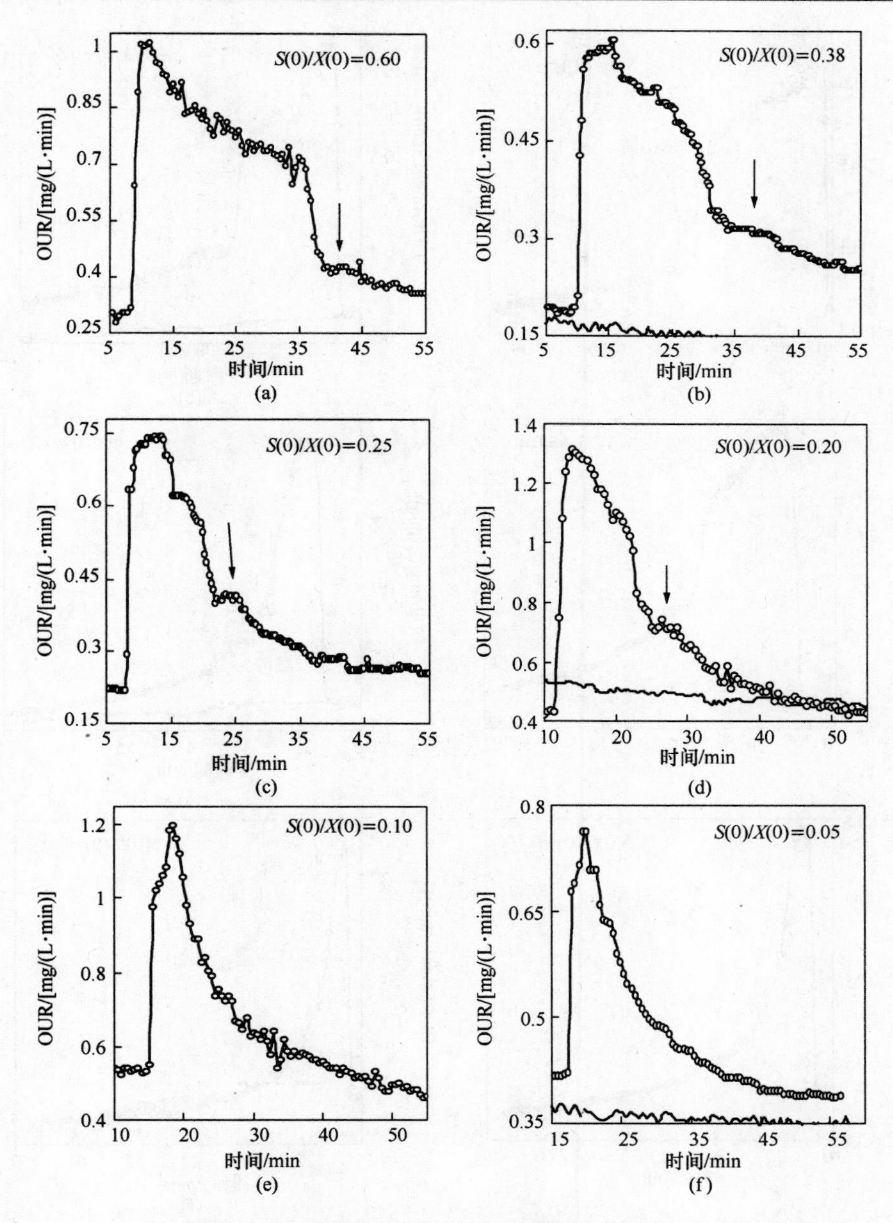

图 3-9　不同 $S(0)/X(0)$ 下的 OUR 曲线（水样 1）

当 $S(0)/X(0)$ 在 0.20 以上时，所有的 OUR 曲线都明显区分出两个不同的阶段。第一阶段由 RBCOD 的降解过程主导。这一过程受到生长速率和易降解基质浓度之间的 Monod 关系式的控制，如图 3-11 所示。在实验的开始阶段（A 点），RBCOD 的浓度很高，足以使其以最大速率消耗，并持续到浓度降到 B 点，

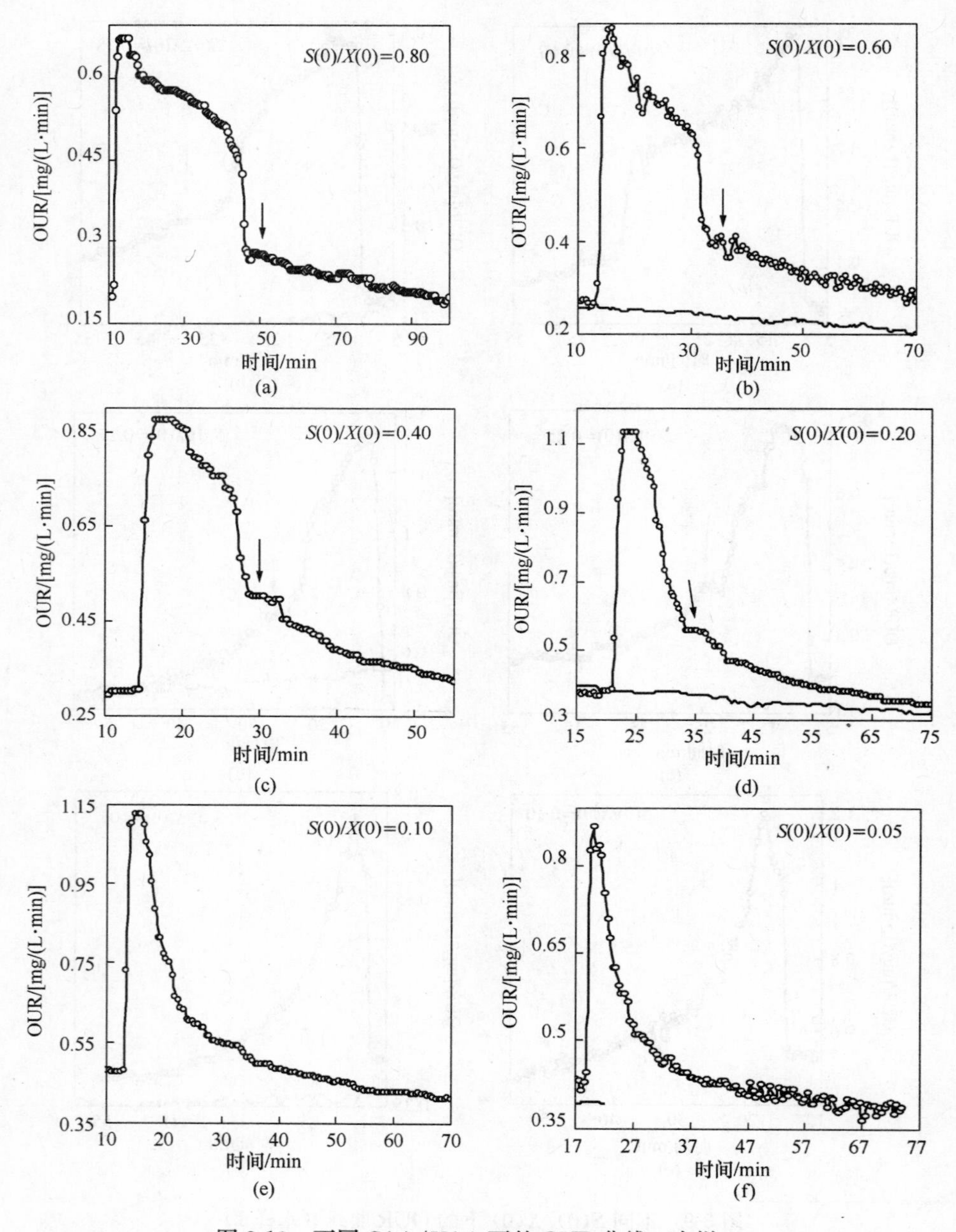

图 3-10 不同 $S(0)/X(0)$ 下的 OUR 曲线（水样 2）

之后由于 RBCOD 被消耗导致降解速率下降。因此，呼吸速率从实验开始恒定一段时间（$A \sim B$），然后快速下降，这是 RBCOD 呼吸测量过程的显著特征，对应呼吸速率曲线上曲线斜率最大的部分。呼吸速率快速下降段的终点可以视为

RBCOD降解完毕的标志，如图 3-9 和图 3-10 中，$S(0)/X(0)$ 大于 0.20 的呼吸速率曲线箭头所指位置。当 RBCOD 降解完成后，呼吸速率由 SBCOD 降解主导。该过程受到相对较慢的水解速率的限制。一般情况下，由于 RBCOD 的降解速率很快，并且其初始浓度小于 SBCOD，因此，在所有的 RBCOD 被去除后，水解速率仍然有可能维持在最大值，其产生的 RBCOD 降解会使 OUR 恒定一段时间。

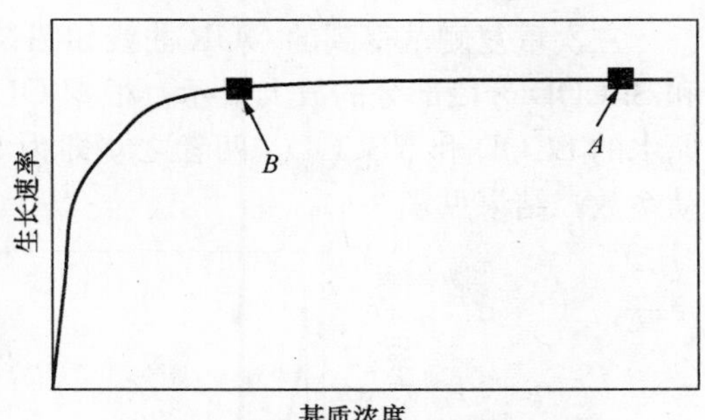

图 3-11　微生物生长速率和易降解基质浓度之间的 Monod 关系

就同时表征 RBCOD 和 SBCOD 而言，合适的 $S(0)/X(0)$ 实际上反映了这两种基质降解速率的协调：RBCOD 降解持续的时间要短，SBCOD 开始的水解速率要慢。这是一对矛盾，前者要求高污泥浓度，但这会加快水解速率。只有最佳的 $S(0)/X(0)$ 比值下才能保证在 RBCOD 降解过程中水解的 SBCOD 少，当RBCOD降解完后剩余的 SBCOD 有足够的浓度来维持较高的水解速率以获得 OUR 平台。

根据本节取得的实验结果，对于本实验的污水和污泥，$S(0)/X(0)$ 在大于 0.20 时出现十分显著的 SBCOD 降解平台；结合呼吸测量应在低 $S(0)/X(0)$ 条件下进行的基本原则，确定最佳 $S(0)/X(0)$ 为 0.2～0.6。这一结果与 Cokgor 等[13]报道的 0.13～0.22 较为一致。Orhon 等[8]确定的 $S(0)/X(0)$ 为 0.45～1.00mgCOD/mgVSS，也有学者建议可以从 $S(0)/X(0)$ = 0.6mgCOD/mgVSS 开始实验。合适的 $S(0)/X(0)$ 与废水和污泥的来源和性质有关，必须通过实验来确定。已有研究结果的差异并不大，这表明在用呼吸测量法区分城市污水的 RBCOD和 SBCOD 时，存在一个最佳的 $S(0)/X(0)$ 的范围。

2. 台阶法表征 RBCOD 和 SBCOD 的重现性

通过三重样测试对呼吸测量法同时测定 RBCOD 和 SBCOD 的重现性进行了考察，实验的条件和参数见表 3-5。

表 3-5　台阶法测定 RBCOD 和 SBCOD 的重现性实验的实验条件和参数

项目	原水总 COD /(mg/L)	接种污泥 MLVSS /(mg/L)	接种污泥 MLSS /(mg/L)	MLVSS/MLSS	混合液总体积/mL	接种污泥体积/mL
数值	493	3400	4600	0.74	5000	850
项目	原水体积/mL	$S(0)/X(0)$	温度/℃	pH	Y_H	ATU/(mg/L)
数值	2500	0.43	25	7.8±0.2	0.68	20

三次重复测试得到的OUR曲线如图3-12所示，图中内嵌小图是对RBCOD和SBCOD分段部分的放大显示。根据OUR曲线，考虑水样的稀释倍数，计算原水的BCOD和RBCOD，两者之差即为SBCOD，并统计结果的标准偏差和变动系数，结果见表3-6。

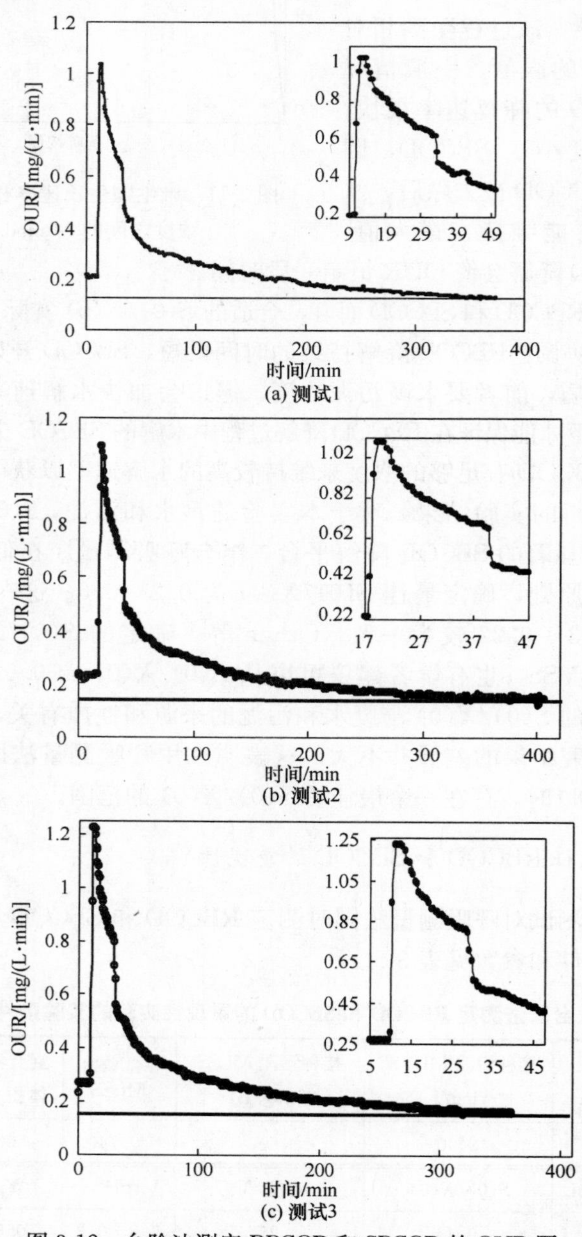

图3-12 台阶法测定RBCOD和SBCOD的OUR图

表 3-6　台阶法测定 RBCOD 和 SBCOD 的实验结果统计

组分＼项目	1 /(mg/L)	2 /(mg/L)	3 /(mg/L)	AVE /(mg/L)	STD /(mg/L)	CV /%
BCOD	260	250	261	257	6.08	2.37
RBCOD	50	49	56	52	3.79	7.33
SBCOD	210	201	205	205	4.51	2.20

由表 3-6 可以看出，三次重复测量得到的 BCOD 的标准偏差为 6.08mg/L，略高于 COD 标准化学分析方法 5mg/L 的检出限，RBCOD 和 SBCOD 的标准偏差分别为 3.79mg/L 和 4.51mg/L，均低于 COD 标准化学分析方法的检出限。就 CV 而言，BCOD 和 SBCOD 的 CV 都在 3%以内，RBCOD 的 CV 相对较大，但也仅为 7.33%，这一方面是由于 RBCOD 自身的绝对值较小，另一方面是由于在 OUR 曲线的分段上存在一定的主观干扰。SBCOD 的测试精度由 BCOD 和 RBCOD的测试精度共同决定。上述结果表明呼吸测量法同时测定 RBCOD 和 SBCOD具有很好的重现性。

3.2.3　呼吸测量同时测定 RBCOD 与 SBCOD 的 ASM 解析法

尽管通过优化实验条件能得到分段较为明显的 OUR 曲线，进而区分和确定 RBCOD 与 SBCOD，但由于没有固定的规律，需要多次的呼吸测量进行试探，并且，通过 OUR 的平台人为寻找 RBCOD 与 SBCOD 降解的分界点，具有主观性。

ASM 解析法是基于 RBCOD 与 SBCOD 降解速率上的差异，利用其各自的降解动力学方程对全呼吸速率曲线进行解析，区分各自对应的 OUR 曲线，进而对各组分定量：首先，利用混合呼吸测量仪获得水样完整的呼吸速率曲线，包括 RBCOD 降解曲线、SBCOD 降解曲线和内源呼吸速率曲线；将内源呼吸速率从完整的 OUR 曲线中去除，仅剩下 RBCOD 与 SBCOD 降解的曲线；根据两者降解的速率方程可利用数学方法将其分开，进而根据计量关系分别获得 RBCOD 与 SBCOD 的量。

1. OUR 曲线解析方法描述

从基质投加至消耗完毕重新进入内源呼吸的完整的 OUR 曲线如图 3-13 所示，包含 3 个阶段：Ⅰ段为 RBCOD、SBCOD 降解的外源 OUR（OUR_{ex}）与内源 OUR（OUR_{en}）的叠加；Ⅱ段为仅包含 SBCOD 降解的 OUR_{ex} 与 OUR_{en} 的叠加；Ⅲ段为外源基质消耗完毕，仅有 OUR_{en}。

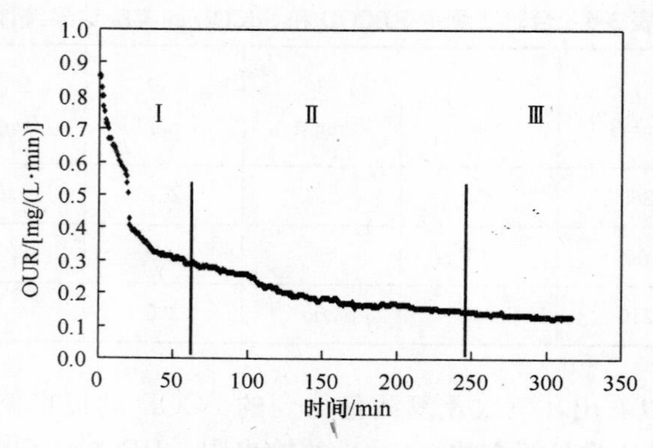

图 3-13　一个水样的完整 OUR 曲线分段图

第一步：从全 OUR 曲线中剔除内源 OUR_{en}。

在没有外源基质的条件下，微生物以自身细胞为基质进行呼吸作用，该过程可以描述为微生物浓度的一级动力学方程。由于内源呼吸进行非常缓慢，在较短的时间内，可以假设速率恒定。

假设在 t_{en} 时刻基质消耗完毕，其后的氧气利用仅缘于微生物内源呼吸。采用 Mann-kendall 趋势检验法[29,30]对所得 OUR 曲线进行趋势分析，从全 OUR 曲线中剔除内源 OUR_{en}。与参数统计检验法相比，Mann-kendall 非参数检验法更适用于非正态分布、不完整或存在突变、异常值的序列。不同时刻 OUR 序列 $\{OUR_1, OUR_2, \cdots, OUR_n\}$ 的趋势检验统计量为

$$Z_{MK}=\begin{cases}(S-1)/\sqrt{n(n+1)(2n+5)/18}, & S>0\\ 0, & S=0\\ (S+1)/\sqrt{n(n+1)(2n+5)/18}, & S<0\end{cases} \tag{3-3}$$

$$S=\sum_{i=1}^{n-1}\sum_{j=i+1}^{n}\mathrm{sgn}(OUR_j-OUR_i) \tag{3-4}$$

$$\mathrm{sgn}(\theta)=\begin{cases}1, & \theta>0\\ 0, & \theta=0\\ -1, & \theta<0\end{cases} \tag{3-5}$$

当 n 大于 10 时，统计量 Z_{MK} 收敛于标准正态分布。原假设该序列无趋势，采用双边趋势检验法。在给定显著性水平 α 下，拒绝域为 $\{|Z_{MK}|>U_{1-\alpha/2}\}$。当 $|Z_{MK}|>U_{1-\alpha/2}$ 时，则拒绝原假设，即有明显的变化趋势；当 $|Z_{MK}|<U_{1-\alpha/2}$ 时，接受原假设，即变化趋势不显著。从所得 OUR 曲线的终点开始向初始时刻方向以 0.5min 为一个时间步长，利用上述方法可得到无明显变化趋势的内源呼吸速

率序列，从而得到内源呼吸的平均耗氧速率，进而从全 OUR 曲线中剔除 OUR_{en}。

第二步：原废水中 SBCOD 初始浓度 $X_S(0)$ 的解析。

全 OUR 曲线剔除 OUR_{en} 后获得 RBCOD 和 SBCOD 降解的外源 OUR。当 RBCOD降解完毕后，OUR_{ex} 仅由 SBCOD 降解产生。一般认为，SBCOD 的降解是通过水解生成 RBCOD 来实现的。因为 RBCOD 降解速率远远大于 SBCOD 的水解速率，所以在 SBCOD 降解过程中，水解速率是唯一限制步骤。其方程为

$$\frac{dX_S}{dt}=-k_h\frac{\frac{X_S(t)}{X_H}}{\frac{X_S(t)}{X_H}+K_X}\times X_H \tag{3-6}$$

SBCOD 水解过程按照 1∶1 的关系生成 RBCOD：

$$\frac{dX_S}{dt}=-\frac{dS_S}{dt} \tag{3-7}$$

OUR 与基质之间的计量关系为

$$OUR(t)=-\frac{dS_S}{dt}(1-Y_H) \tag{3-8}$$

$$OUR(t)=-\frac{k_hX_H(1-Y_H)X_S(t)}{X_S(t)+K_XX_H} \tag{3-9}$$

令 $A=(1-Y_H)K_hX_H$，$B=K_XX_H$，则

$$OUR(t)=\frac{AX_S(t)}{B+X_S(t)} \tag{3-10}$$

式中，k_h 为最大比水解速率（g(SBCOD)/[g(细胞 COD · d)]）；X_H 为异养菌浓度（mg/L）；K_X 为慢速可生物降解底物水解的半饱和系数（g(SBCOD)/g(细胞 COD)）；Y_H 为异养菌产率系数［g(细胞 COD)/g(氧化 COD)］（在实验开始之前需通过污泥校核实验来获得）。

对于上述实际 OUR_{ex}，因为无法确定 RBCOD 降解完毕的时刻，所以起初不能选择对整个Ⅱ段进行拟合。首先从 OUR_{ex} 的终点时刻 t_e 向前取一段 OUR 序列（可以确保只有 SBCOD 降解）进行拟合。根据预先设定的拟合误差（例如 $e\leqslant 3\%$）确定是否进一步延长拟合的 OUR 序列长度（即 t_s 是否继续向前推进）以尽可能利用更多的测量数据。当延伸至包含 RBCOD 降解产生的 OUR 时，OUR_{ex} 曲线将不再符合水解规律，导致拟合失真，则选择失真前一个符合拟合误差的 OUR 序列作为仅含有 SBCOD 组分降解的 OUR 曲线。利用此时的 $X_S(t_s)$，根据方程（3-12）可计算出 $0\sim t_s$ 段任意时刻的 SBCOD 浓度，也就能得到废水中 SBCOD 的初始浓度 $X_S(0)$。由得到的 $X_S(t)$ 可以反算 $0\sim t_s$ 段内由于SBCOD

降解产生的OUR响应，从而分离出SBCOD和RBCOD的OUR曲线。

$$\mathrm{OUR}(t)=\frac{A\left[(1-Y_{\mathrm{H}})X_{\mathrm{S}}(t_{\mathrm{s}})-\int_{t_{\mathrm{s}}}^{t_{\mathrm{e}}}\mathrm{OUR}(t)\mathrm{d}t\right]}{(1-Y_{\mathrm{H}})B+\left[(1-Y_{\mathrm{H}})X_{\mathrm{S}}(t_{\mathrm{s}})-\int_{t_{\mathrm{s}}}^{t_{\mathrm{e}}}\mathrm{OUR}(t)\mathrm{d}t\right]} \tag{3-11}$$

$$X_{\mathrm{S}}(t_{s-1})=X_{\mathrm{S}}(t_{\mathrm{s}})+\frac{\mathrm{d}X_{\mathrm{S}}(t_{\mathrm{s}})}{\mathrm{d}t}\Delta t \tag{3-12}$$

第三步：原废水中RBCOD初始浓度 $S_{\mathrm{S}}(0)$ 的确定。

由OUR与污染物浓度之间的计量关系可得到废水中RBCOD的初始浓度 $S_{\mathrm{S}}(0)$［式(3-14)］：

$$X_{\mathrm{S}}(0)+S_{\mathrm{S}}(0)=-\frac{\int_{0}^{t_{\mathrm{en}}}\mathrm{OUR}_{\mathrm{ex}}(t)\mathrm{d}t}{1-Y_{\mathrm{H}}} \tag{3-13}$$

$$S_{\mathrm{S}}(0)=\frac{\int_{0}^{t_{\mathrm{en}}}\mathrm{OUR}_{\mathrm{ex}}(t)\mathrm{d}t}{1-Y_{\mathrm{H}}}-X_{\mathrm{S}}(0) \tag{3-14}$$

2. *ASM解析法的应用*

利用重庆市某污水处理厂进水和活性污泥，按照与前面类似的方法在混合呼吸仪中进行呼吸测量，获得连续4d的水样的完整的OUR曲线，分别用OUR台阶法和解析法确定原废水中的SBCOD与RBCOD浓度。4个水样的完整OUR曲线如图3-14所示，以其中一个水样为例对其进行解析并与传统OUR台阶法进行对比，两种方法的解析曲线如图3-15所示，两种方法得到的4个水样中RBCOD和SBCOD的初始浓度见表3-7。

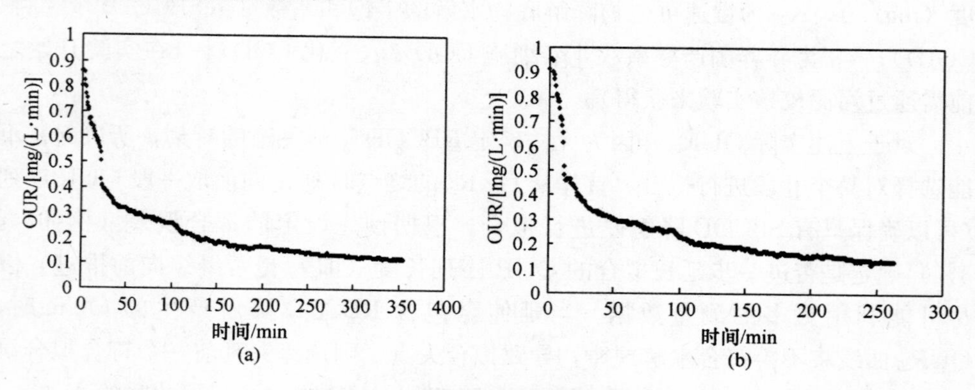

图3-14　4个水样的完整OUR曲线

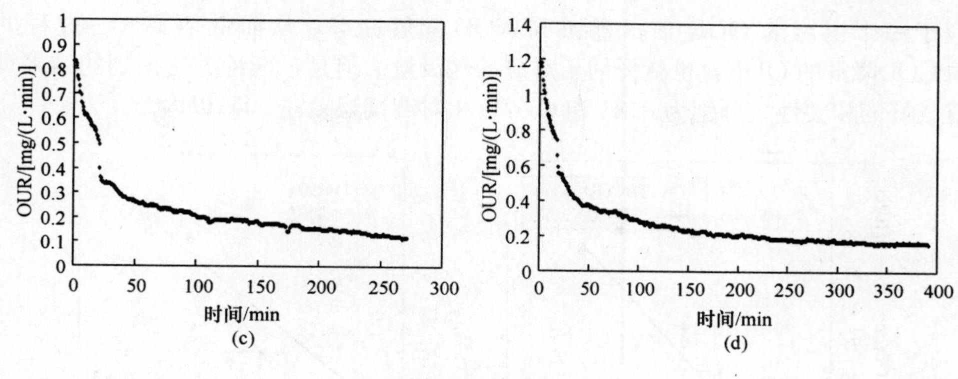

图 3-14　（续）

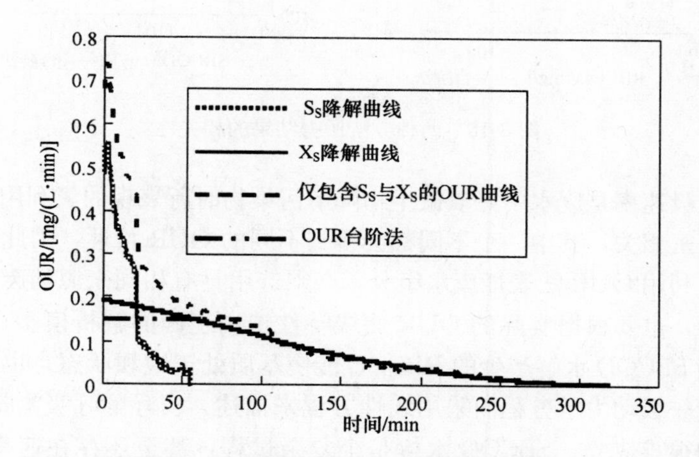

图 3-15　两种方法得到的 OUR 曲线的解析结果

表 3-7　两种方法得到的废水中 RBCOD 和 SBCOD 浓度　（单位：mg/L）

水样	1		2		3		4	
组分	RBCOD	SBCOD	RBCOD	SBCOD	RBCOD	SBCOD	RBCOD	SBCOD
台阶法	73.07	120.57	106.53	129.49	87.16	98.16	82.43	145.48
解析法	63.92	129.72	87.65	148.37	77.04	108.3	62.57	165.34
台阶法/解析法	1.14	0.93	1.22	0.87	1.13	0.91	1.32	0.88

台阶法是先计算 RBCOD，由总的可生物降解与 RBCOD 之差获得 SBCOD；解析法是先获得 SBCOD，RBCOD 由可生物降解 COD 的平衡获得。表 3-7 和图 3-16的统计分析结果表明，台阶法得到的 RBCOD 高于解析法，平均高出 20%左右；相应的，SBCOD 低于解析法，平均低 10%左右。这可能由于台阶法认为在 RBCOD 降解过程中，SBCOD 的水解一直保持在一个恒定速率，因此对

应于一个恒定的OUR值，直到RBCOD降解完毕，从而低估了这一过程的SBCOD降解的OUR，也就低估了对应的耗氧量。但是，两种方法得到的结果具有较好的相关性，分别为0.84和0.97，相对测试误差在20%以内。

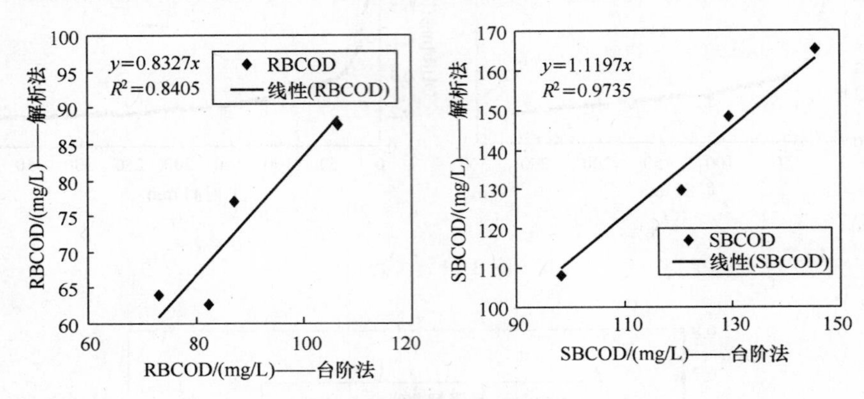

图3-16　两种方法所得结果的相关性

好氧呼吸速率是废水中好氧微生物降解污染物时所表现的氧利用特性，与废水和污泥紧密相关，其中一个不同都会得到不同的OUR特性，因此具有客观性和相对性。利用OUR法表征废水组分，必须选用具有相同来源的废水和污泥进行呼吸测量，也要根据实际的OUR曲线特性选用正确的解析模型。OUR台阶法假设初期SBCOD水解产生的RBCOD能使基质处于饱和状态，也有研究假设该过程符合一级动力学方程而采用线性方程来描述。实际的呼吸测量结果表明，这些假设均很难成立。SBCOD水解是个复杂过程，甚至还存在速率上的差异。因此，以往确定RBCOD降解终点和初期SBCOD降解产生的OUR的方法存在明显主观性和误差。在ASMs中，水解被描述为类似Monod的表面反应过程。本章正是利用该方程对SBCOD降解的OUR曲线进行拟合，得到初始浓度，进而获得RBCOD的初始浓度，与ASMs的定义相一致，且不存在以往的主观判断过程。

因此，台阶法虽然具有一定的主观性，但是解析方法简单、实用，在常规水质表征中仍不失为一种较好的选择；模型解析法具有更好的科学性，对OUR曲线没有特定的要求，具有广泛适用性，能够给出更合理、准确的结果，但其过程较为复杂，难于为一般工程技术人员掌握。

3.3　短期BOD测试和长期BOD测试的相关性

城市污水中可生物降解COD组分（BCOD）是RBCOD和SBCOD之和。短期BOD测试是在高污泥浓度下的短时间内（数小时）BOD测试，其结果定义为

$BCOD_{st}$。在以往的实践中，由于常规的BOD测试是污水处理厂的常规分析项目，因而被用来确定BCOD。因为这种测试所需时间长（5～10d），所以被称为长期BOD测试，得到的BCOD定义为$BCOD_{lt}$。本节将对这两种方法作对比研究。

3.3.1　实验方法与程序

短期BOD测试实验在自行开发的新型混合呼吸测量仪中进行，污水来源于重庆市某污水处理厂隔栅井出水，污泥来源于该污水处理厂曝气池出口混合液。污泥经浓缩、洗涤和空曝后使用。ATU用于抑制硝化反应，温度为25℃，pH＝7.8±0.2。$S(0)/X(0)$控制在0.40左右。

长期BOD测试运用BI-2000电解质呼吸仪（美国Bioscience公司）进行，仪器照片如图3-17所示。该呼吸仪由反应瓶、CO_2捕捉器、电解单元、恒温水槽、磁力搅拌器和软件组成。实验中把1000mL原污水置于反应瓶中，并投加ATU20mg/L，不接种污泥。温度为25℃。原水中的异养菌降解有机物时消耗瓶内氧气并产生CO_2，CO_2被装有KOH溶液的捕捉器吸收导致瓶内压力降低。电解单元外腔的稀硫酸溶液液面下降，脱离液位探针，电解单元因此接通电源电解稀硫酸产生氧气以补充被消耗的氧气。当压力恢复后，液面重新接触探针，电解单元停止工作。软件通过记录电流量来计算产氧量，间接反映了耗氧量。每6min记录一次累积耗氧量，连续运行10d。利用方程（3-15）在Matlab软件上拟合BOD-时间测量数据，得到BOD_{tot}。考虑到实验期间微生物衰减产生的不可生物降解持久性物质，必须使用一个校正系数f_{BOD}来估计$BCOD_{lt}$，见式（3-16）。

图3-17　BI-2000电解质呼吸仪

$$BOD_{tot} = \frac{1}{1 - e^{-k_{BOD}t}} BOD_t \tag{3-15}$$

$$BCOD_{lt} = \frac{1}{1 - f_{BOD}} BOD_{tot} \tag{3-16}$$

3.3.2　结果与讨论

对同一个城市污水处理厂连续5d的水样分别进行长期和短期的BOD测试，结果如图3-18所示。短期BOD测试一般在7h以内完成，氧利用速率曲线均分段明显。在长期BOD测试中，累积耗氧量在2d以内增加速率最快，几乎呈直线增加；2d以后增加趋势变缓，6～8d以后趋于稳定。一般认为5d BOD能占到总BOD的50%～95%，本研究的水样的2d BOD即达到总BOD的70%以上，表明水样中原有的活性微生物浓度较高。以往的长期BOD测试的读数间隔至少是1d以上，过低的测试频率使得得到的实验数据过少，不能有效反映累积耗氧量与时间之间的动态关系，导致式（3-15）不能很好地拟合实验数据。为此，有学者提出用二级动力学方程进行拟合可能使误差减小。但是，本研究显示，一级动力学方程足以很好地描述BOD曲线，实验证实了Weijers[31]的观点。这主要是由于采用的电解质呼吸仪使长期BOD测试的采样频率大大提高。

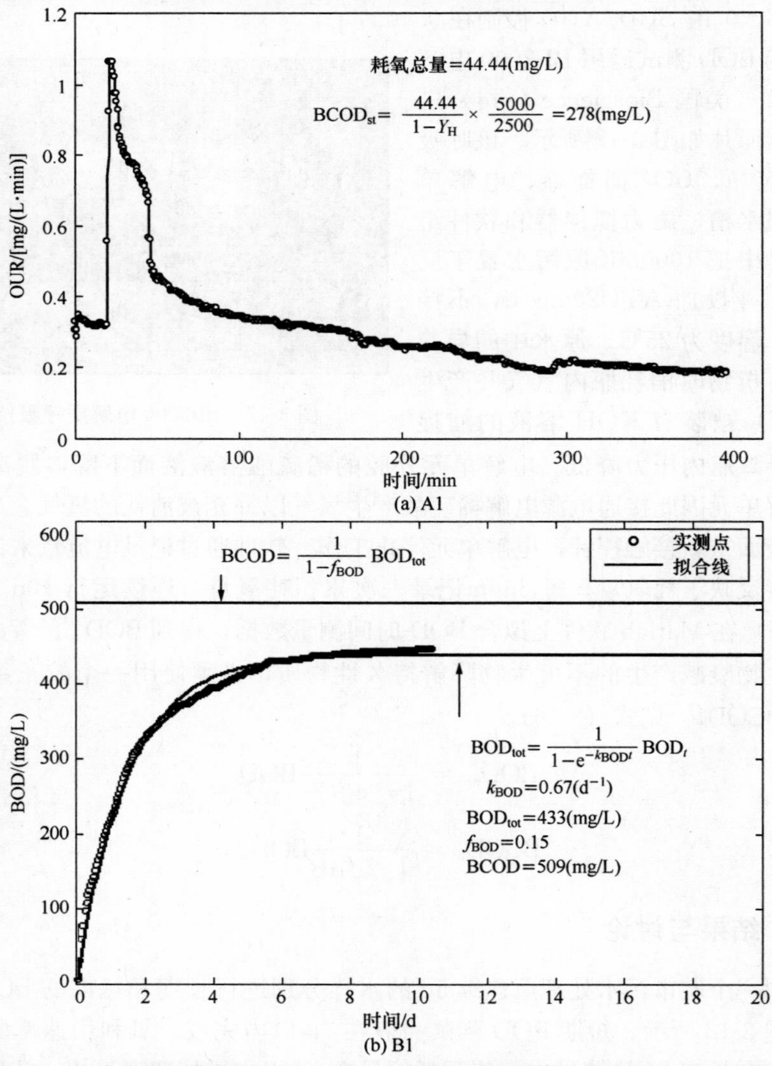

图3-18　5个水样短期BOD测试（A1～A5）和长期BOD测试（B1～B5）结果

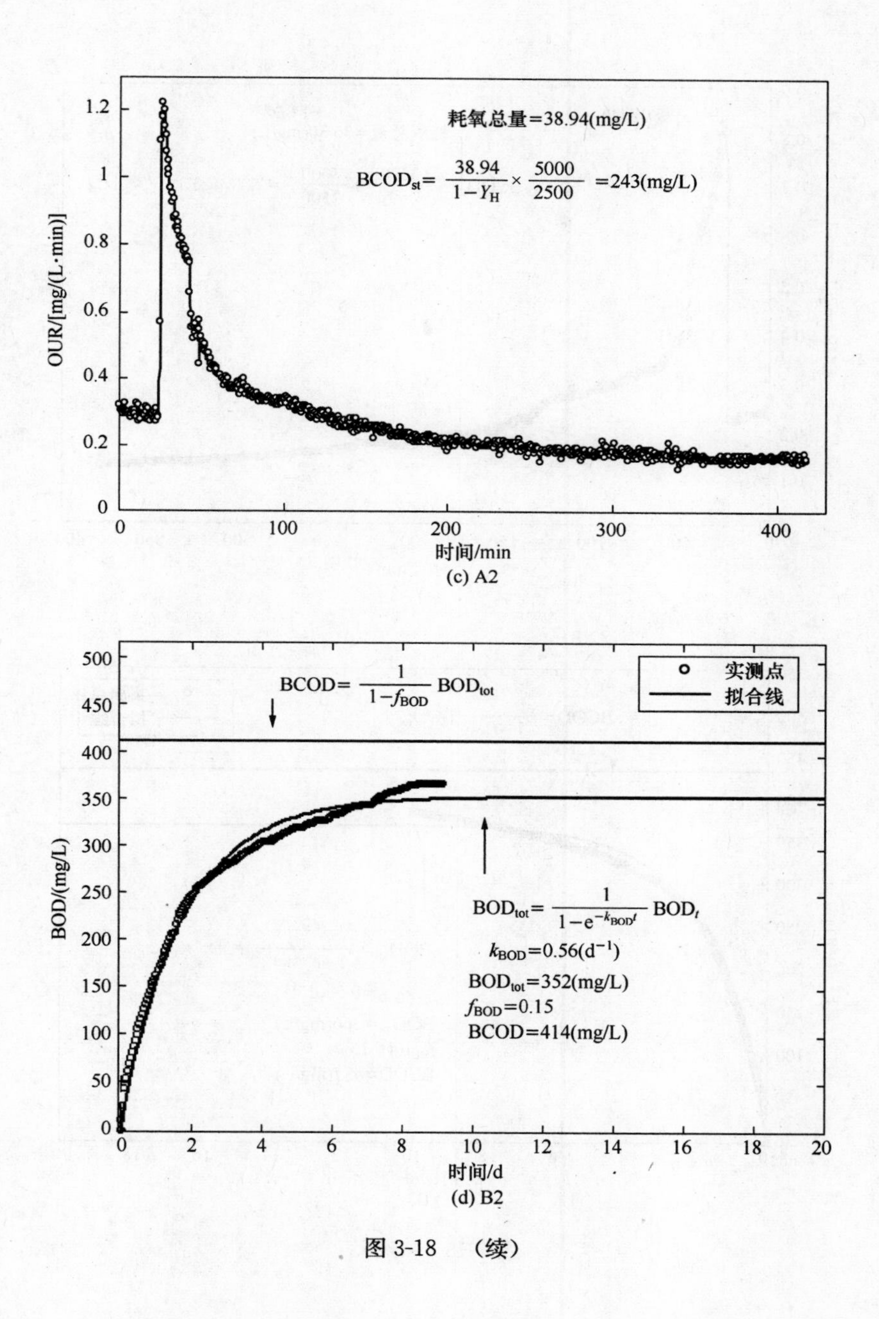
耗氧总量=38.94(mg/L)
$BCOD_{st}=\frac{38.94}{1-Y_H}\times\frac{5000}{2500}=243(mg/L)$
OUR/[mg/(L·min)]
时间/min
(c) A2
实测点
拟合线
$BCOD=\frac{1}{1-f_{BOD}}BOD_{tot}$
$BOD_{tot}=\frac{1}{1-e^{-k_{BOD}t}}BOD_t$
$k_{BOD}=0.56(d^{-1})$
$BOD_{tot}=352(mg/L)$
$f_{BOD}=0.15$
BCOD=414(mg/L)
BOD/(mg/L)
时间/d
(d) B2

图 3-18　(续)

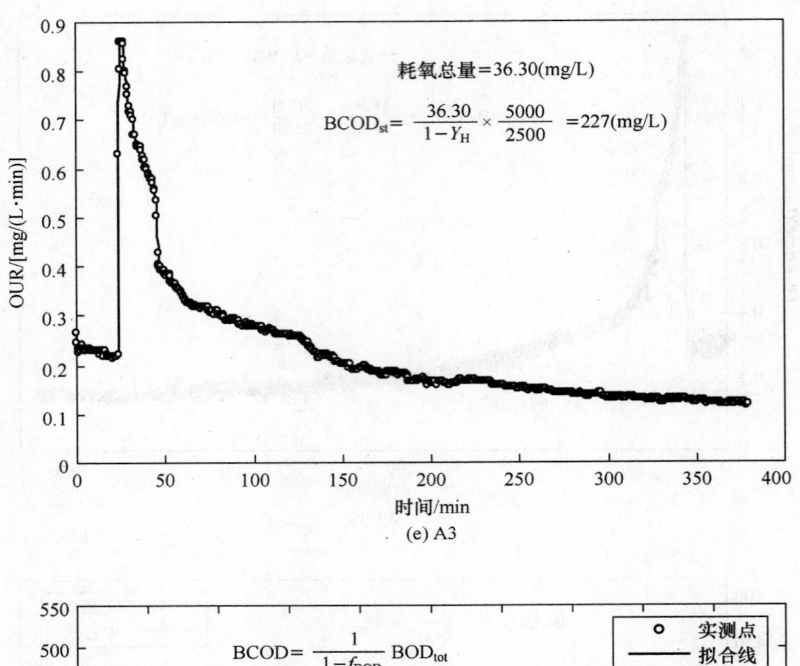

(e) A3

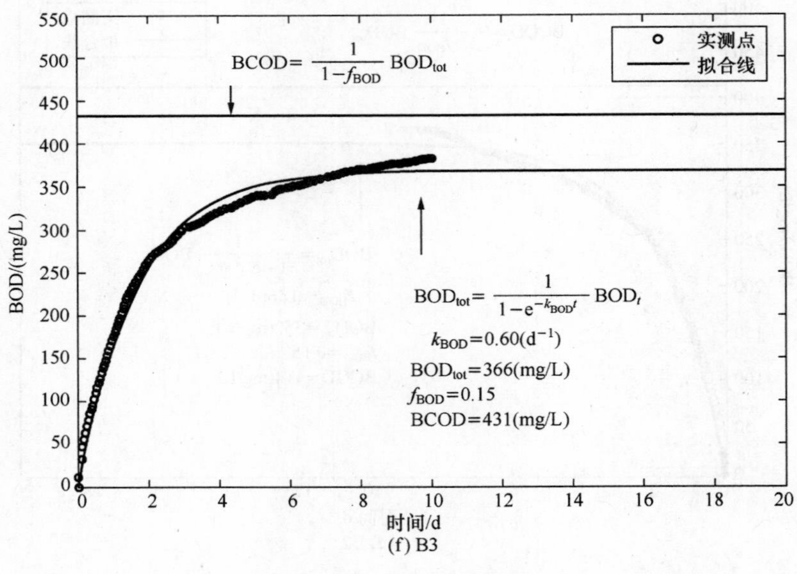

(f) B3

图 3-18　（续）

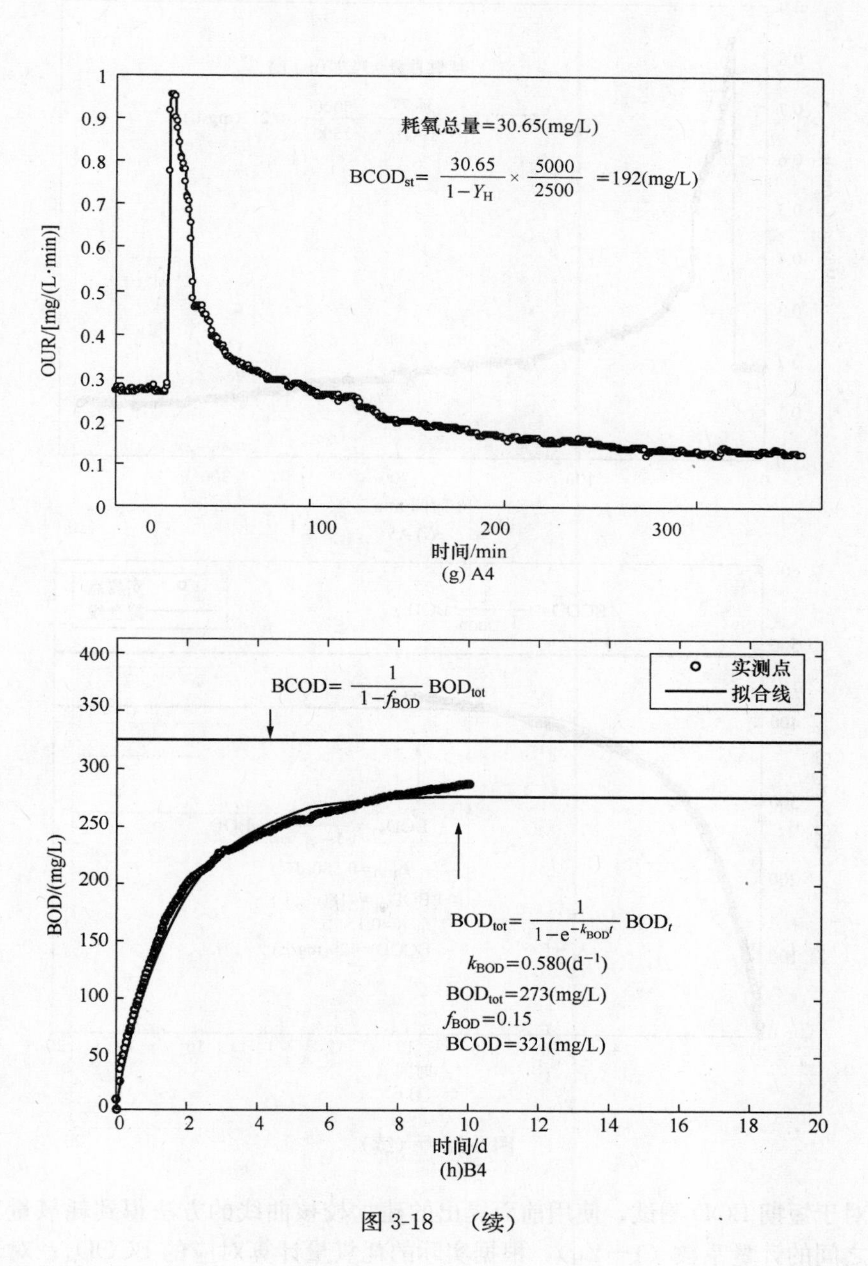
耗氧总量=30.65(mg/L)
$BCOD_{st}=\frac{30.65}{1-Y_H}\times\frac{5000}{2500}=192(mg/L)$
OUR/[mg/(L·min)]
时间/min
(g) A4
BCOD$=\frac{1}{1-f_{BOD}}BOD_{tot}$
实测点
拟合线
BOD/(mg/L)
$BOD_{tot}=\frac{1}{1-e^{-k_{BOD}t}}BOD_t$
$k_{BOD}=0.580(d^{-1})$
$BOD_{tot}=273(mg/L)$
$f_{BOD}=0.15$
BCOD=321(mg/L)
时间/d
(h)B4

图 3-18 （续）

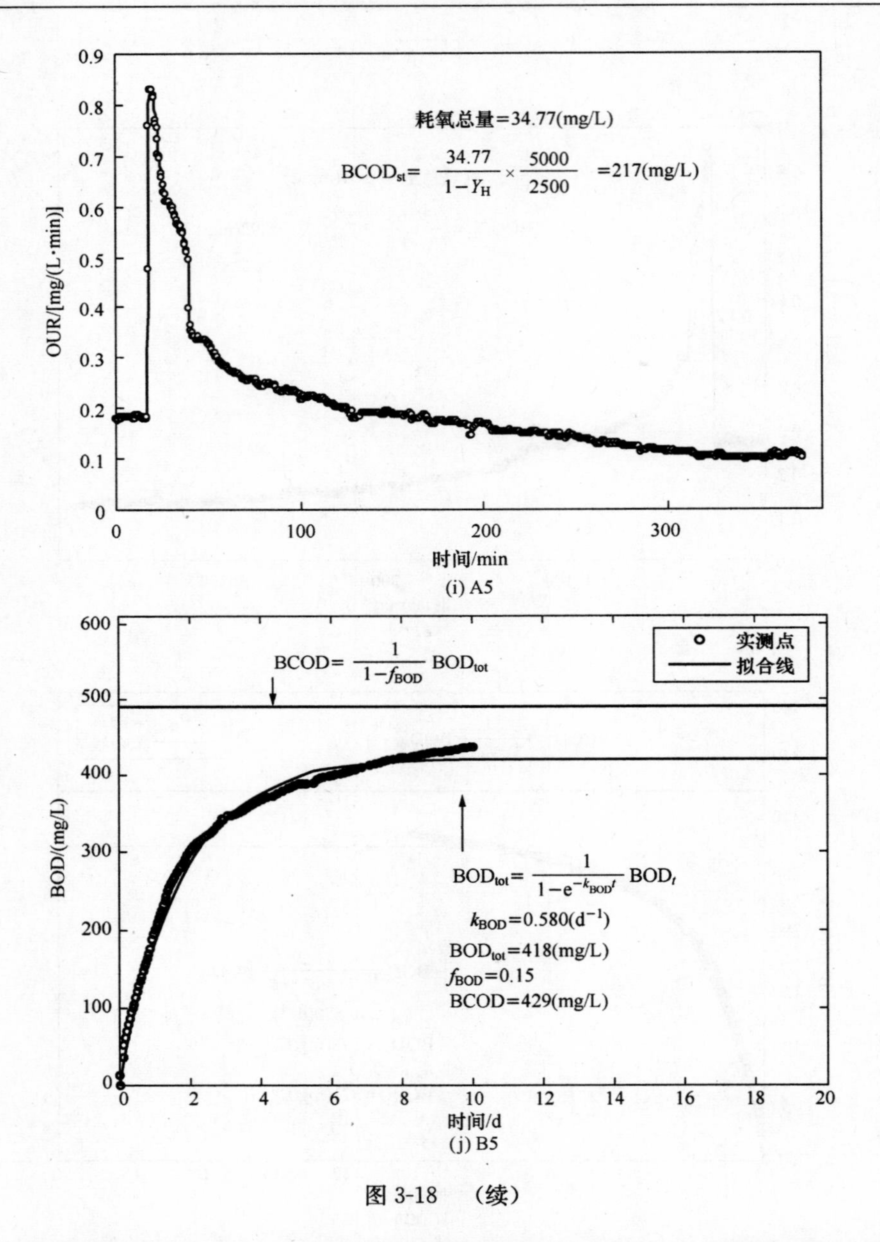

图 3-18 （续）

对于短期BOD测试，使用前面提出的建立校核曲线的方法得到耗氧量和基质量之间的计量系数（$1-Y_H$），根据实际的耗氧量计算对应的$BCOD_{st}$；对于长期BOD测试，根据拟合得到的总BOD，采用f_{BOD}的理论值0.15计算对应的$BCOD_{lt}$。5个水样的计算结果见表3-8。

表3-8 两种方法得到的5个原水水样的BCOD的对比

水样编号	$BCOD_{st}$ /(mg/L)	$BCOD_{lt}$ /(mg/L)	$\frac{BCOD_{st}}{BCOD_{lt}}$	$X_H(0)$ /(mg/L)	$X_H(0)+BCOD_{lt}$ /(mg/L)	$\frac{X_H(0)+BCOD_{st}}{BCOD_{lt}}$
1	278	509	0.55	168	446	0.88
2	243	414	0.59	148	391	0.94
3	227	431	0.53	148	375	0.87
4	192	321	0.60	136	328	1.02
5	217	492	0.44	278	495	1.01

由表3-8可以看出，两种方法得到的BCOD存在很大差异，短期BOD测试方法得到的结果仅为长期BOD测试方法得到的结果的40%～60%。这是因为两种方法得到的BCOD在概念上不同。短期方法中原水中存在的活性异养微生物与接种的活性污泥微生物一起成为RBCOD和SBCOD的利用者，测试用的微生物与实际污水处理厂相同。短期BOD测试实验在较低的初始基质浓度和微生物浓度之比的条件下进行，在测量期间微生物的净增长可以忽略，内源呼吸速率可以认为维持不变，并且其耗氧量没有计算在总耗氧量中，所以，得到的BCOD仅包括原水中能被微生物利用的外源基质RBCOD和SBCOD，并不包括原水中存在的活性异养微生物COD组分。但是在长期BOD测试方法中，仅是利用原水中的微生物来降解有机物，反应发生在初始基质浓度和微生物浓度之比较高的条件下，此时微生物以合成代谢为主，有机物首先转化为微生物，当有机物消耗完毕后，微生物进入内源呼吸直至全部矿化，所以，这种方法得到的BCOD包括全部可生物降解COD，即RBCOD、SBCOD与X_B（活性微生物COD）之和。另外，通过批式呼吸测量方法测定了原水中的活性异养微生物浓度$X_H(0)$（见第5章）。结果表明，$X_H(0)$与$BCOD_{st}$之和与$BCOD_{lt}$比较接近，两者之比为0.88～1.02，平均值为0.94。

然而，长期BOD测试耗时太长，而且测试用的微生物种群及其代谢类型都与实际活性污泥过程明显不同。因此，无论是从测试结果的时效性还是代表性，短期BOD测试（呼吸测量法）都更具优势。

3.4 本章小结

理论上，生物学测试方法（呼吸测量法）是表征城市污水COD组分中活性异养微生物COD组分、快速易生物降解COD组分和慢速可生物降解COD组分的最具代表性的方法，但实际中，相关的研究非常缺乏。本章对这方面的内容进行了系统研究，得到以下结论：

(1) 在呼吸测量法测定可生物降解COD组分的过程中，基质降解量和氧气消耗量之间的化学计量系数（$1-Y_H$）是必要的参数。建立校核曲线是获得该参数的实用的方法，乙酸盐是RBCOD合适的模拟基质。对同一个污水处理厂的污泥在一个月内每隔约10d进行3次测试，得到的（$1-Y_H$）的变动系数在5%以内，表明对于一个固定的城市污水处理厂，由于污水的水质和活性污泥的种群结构具有一定的稳定性，该参数相对恒定，在实践中没有必要每次都重新建立基质降解量和耗氧量之间的校核曲线，只需在正常情况下定期校验或遇到异常情况时修正即可。

(2) 根据RBCOD和SBCOD的降解机理的不同和降解速率差异，从呼吸速率曲线上能够区分这两种基质，但要求呼吸测量实验在合适的初始基质浓度和微生物浓度之比下进行。对于本章实验的污水和污泥，最佳$S(0)/X(0)$为0.20～0.60mgCOD/mgVSS比较合适。

(3) 重现性实验结果显示，呼吸测量法同时测定RBCOD和SBCOD的结果的标准偏差接近或低于COD标准化学分析方法的检出限，相对标准偏差在8%以内，表明这种方法具有很好的重现性。

(4) 利用数学解析方法提出一种同时表征城市废水COD组分中的RBCOD与SBCOD组分的方法。经实验验证，该方法不受传统反应条件的影响，具有较强的理论依据和实用价值。相比传统的OUR台阶法而言，本章所提出的方法对实验的条件选择宽松很多，并不要求所得到的OUR曲线能展现很好的分段性。这就大大放宽了本方法实际应用的尺度。从实际的应用可行性以及操作的方便性来说，本方法具有良好的实际可行性及推广价值。

(5) 利用本章提出方法计算得到的RBCOD的量要小于OUR台阶法所得RBCOD的量，而所得SBCOD的量则要大于OUR台阶法所得。这是由于后者认为在RBCOD降解过程中，SBCOD的水解一直保持在一个恒定的OUR值，直到RBCOD降解完毕，从而低估了这一过程的SBCOD降解的OUR，也就低估了对应的耗氧量。由于SBCOD和RBCOD之和是相同的，本章方法得到的RBCOD浓度低于OUR台阶法，而SBCOD高于OUR台阶法。实验结果也正好符合理论上的解释，证明了该方法的科学性。但是，两种方法得到的结果具有较好的相关性，分别为0.84和0.97，相对测试误差在20%以内。表明依靠新型的混合呼吸测量仪，通过呼吸测量同时测定废水中RBCOD和SBCOD在实践中可行。

(6) 呼吸测量法是一种短期BOD测试方法，得到的BCOD明显小于长期BOD测试方法的结果。这是由于前者仅包括RBCOD和SBCOD，而后者还包括所有的活性微生物COD组分。结合对原水中异养菌单独测量的结果，证实短期BOD测试得到的BCOD与异养菌COD之和与长期BOD测试得到的BCOD比较接近，两者之比为0.88～1.02，平均值为0.94。然而，长期BOD测试耗时太长，而且测试用的微生物种群及其代谢类型都与实际活性污泥过程明显不同。因此，无论是从测试结果的时效性还是代表性，短期 BOD 测试（呼吸测量法）都更具优势。

这些系统研究的结果表明，通过呼吸测量同时测定城市污水中快速易生物降解 COD 组分 RBCOD 和慢速可生物降解 COD 组分 SBCOD 在实践中是可行的。

参 考 文 献

[1] Dulekgurgen E, Doğruel S, Karahan Ö, et al. Size distribution of wastewater COD fractions as an index for biodegradability [J]. Water Research, 2006, 40: 273～282.

[2] Gatti MN, Garcia-Usach F, Seco A, et al. Wastewater COD characterization: Analysis of respirometric and physical-chemical methods for determining biodegradable organic matter fractions [J]. Journal of Chemical Technology and Biotechnology, 2010, 85: 536～544.

[3] Orhon D, Okutman D, Insel G. Characterization and biodegradation of settable organic matter for domestic wastewater [J]. Water SA, 2002, 28(3): 299～305.

[4] Hocaoglu S M, Insel G, Cokgor E U, et al. COD fractionation and biodegradation kinetics of segregated domestic wastewater: Black and grey water fractions [J]. Journal of Chemical Technology and Biotechnology, 2010, 85: 1241～1249.

[5] Torrijos M, Cerro R M, Capdeville B, et al. Sequencing batch reactor: A tool for wastewater characterization for the IAWPRC model [J]. Water Science and Technology, 1994, 29(7): 81～90.

[6] Bunch B, Jr Griffin D M. Rapid removal of colloidal substrate from domestic wastewater [J]. Journal of Water Pollution Control Federation, 1987, 59: 957～963.

[7] Sperandio M, Urbaun V, Ginestet P, et al. Application of COD fractionation by a new combined technique: Comparison of various wastewaters and sources of variability [J]. Water Science and Technology, 2001, 43(1): 181～190.

[8] Orhon D, Ates E, Sozen S, et al. Characterization and COD fractionation of domestic wastewaters [J]. Environmental Pollution, 1997, 95(2): 191～204.

[9] Orhon D, Okutman D. Respirometric assessment of residual organic matter for domestic sewage [J]. Enzyme and Microbial Technolology, 2003, 32(5): 560～566.

[10] Stricker A E, Lessard P, Heduit A. Observed and simulated effect of rain events on the behaviour of an activated sludge plant removing nitrogen [J]. Journal of Environmental Engineering and Science, 2003, 2(6): 429～440.

[11] Yildiz G, Insel G, Cokgor E U. Respirometric assessment of biodegradation for acrylic fibre-based carpet finishing wastewaters [J]. Water Science and Technology, 2007, 55(10): 99～106.

[12] Naidoo V, Urbain V, Buckley C A. Characterization of wastewater and activated sludge from European municipal wastewater treatment plants using the NUR test [J]. Water Science and Technology, 1998, 38(1): 303～310.

[13] Cokgor E U, Sozen S, Orhon D, et al. Respirometric analysis of activated sludge behaviour—Ⅰ. Assessment of the readily biodegradable substrate [J]. Water Science and Technology, 1998, 32(2): 461～475.

[14] Spanjers H, Olsson G, Vanrolleghem P A, et al. Determining influent short-term biochemical oxygen

demand by combined respirometry and estimation [J]. Water Science and Technology, 1993, 28(11-12): 401～404.

[15] Witteborg A, van der Last A, Hamming R, et al. Respirometry for determination of the influent SS-concentration [J]. Water Science and Technology, 1996, 33: 311～323.

[16] 国家环境保护总局《水和废水检测分析方法》委员会. 水和废水检测分析方法. 第四版[M]. 北京: 中国环境科学出版社, 2002: 210～220.

[17] Ziglio G, Andreottola G, Foladori P, et al. Experimental validation of a single-OUR method for wastewater RBCOD characterization [J]. Water Science and Technology, 2001, 43(11): 119～126.

[18] Petersen B. Calibration, identifiability and optimal experimental design of activated sludge models [D]. Belgium: Gent University, 2000.

[19] Novák L, Larrea L, Wanner J. Estimation of maximum specific growth rate of heterotrophic and autotrophic biomass: A combined technique of mathematical modeling and batch cultivations [J]. Water Science and Technology, 1994, 30(11): 171～180.

[20] Chudoba P, Chevalier J J, Chang J, et al. Effect of anaerobic stabilization of activated sludge on its production under batch conditions at various S_o/X_o [J]. Water Science and Technology, 1991, 23: 917～926.

[21] Chang J, Chudoba P, Capdeville B. Determination of the maintenance requirements of activated sludge [J]. Water Science and Technology, 1993, 28: 139～142.

[22] Liu Y. Bioenergetic interpretation on the S_o/X_o ratio in substrate-sufficient lab-scale culture [J]. Water Research, 1996, 30: 2766～2770.

[23] Vanrolleghem P A, Gernaey K, Coen F, et al. Limitations of short-term experiments designed for identification of activated sludge biodegradation models by fast dynamic phenomena [C]. Proceedings of 7th IFAC Conference on Computer Applications in Biotechnology, Osaka, 1998.

[24] Grady C P L, Smets B F, Barbeau D S. Variability in kinetic parameter estimates: A review of possible causes and a proposed terminology [J]. Water Research, 1996, 30: 742～748.

[25] Mathieu S, Etienne P. Estimation of wastewater biodegradable COD fractions by combining respirometric experiments in various S_o/X_o ratios [J]. Water Research, 2000, 34(4): 1233～1246.

[26] Spanjers H, Vanrolleghem P A. Respirometry as a tool for rapid characterization of wastewater and activated sludge [J]. Water Science and Technology, 1995, 31(2): 105～114.

[27] Chudoba P, Capdeville B, Chudoba J. Explanation of biological meaning of the S_o/X_o ratio in lab-scale cultivation [J]. Water Science and Technology, 1992, 26(3-4): 743～751.

[28] Nowak O, Schweighofer P, Svardal K. Nitrification inhibition—A method for the estimation of actual maximum growth rates in activated sludge systems [J]. Water Science and Technology, 1994, 30(6): 9～19.

[29] 杨帆, 王志坚, 娄渊. 时间序列分析方法的一种改进[J]. 计算机技术与发展, 2006, 16(5): 82～84.

[30] 胡国华, 唐忠旺, 肖翔群. 季节性Kendall检验及其在三门峡水库水质趋势分析中的应用[J]. 地理与地理信息科学, 2004, 20(3): 86～88.

[31] Weijers S R. On BOD tests for the determination of biodegradable COD for calibrating activated sludge model No. 1 [J]. Water Science and Technology, 1999, 39(4): 177～184.

第4章　废水中低浓度VFA的九点滴定测量方法

废水生物处理理论认为：废水中可生物降解有机污染物最终是以挥发性脂肪酸（VFA）的形式被微生物吸收利用。特别是对于强化生物除磷，聚磷菌在厌氧条件下吸收VFA并合成PHB是关键步骤[1,2]。总磷的去除量随着进水中潜在的VFA总量的增加而增加。基于此，国际水协在活性污泥2号模型（ASM2）中，将快速易生物降解COD组分（RBCOD）划分为发酵产物VFA和可发酵的易生物降解有机物S_F。废水中的VFA主要指的是C1～C6的脂肪族一元羧酸。一般城市污水中的VFA主要包括甲酸、乙酸、丙酸、丁酸[3]，其中乙酸一般要占到城市污水中总VFA的80％。所以，乙酸盐（S_A）组分作为一个重要组分被引入活性污泥模型中，并且在ASM2中，对所有的化学计量学计算，假定VFA是乙酸。因此，如何快速准确地测量废水中VFA含量，不仅有助于深入认识废水有机污染物的组成特性，而且对于整个污水处理工艺的运行控制，特别在优化生物除磷方面是必须掌控的信息之一，同时也是活性污泥模型应用的一个重要输入条件。

目前，国内外研究的测试VFA的方法主要有滴定法[4～8]、色谱法[9～12]、比色法[13]和蒸馏法[14,15]。其中滴定法的研究应用相对较多，其在简单、方便以及成效比方面具有优势。而色谱法显然在应用成本上远大于其他方法，比色法和蒸馏法比较适合于高浓度的VFA测定。城市废水中S_A的特点是浓度低（为10～50mg/L的数量级，随废水性质、管道类型、长度等条件变动）、时变性强（由于微生物存在而导致不断生成和消耗）。因此，针对这些特性，上述现有方法的适用性还需要实验论证和优选决策。

传统的VFA滴定测量方法主要是基于废水中弱酸碱平衡原理，运用繁琐的运算过程进而得出VFA的浓度。由于废水中众多缓冲体系的存在，以往的滴定测量方法在较低浓度VFA的测量方面的准确度较差。本章在总结前期滴定测量技术的基础上，从废水中总碱度的基本定义和表达式出发，提出了一种新的滴定测量方法，着重解决以往滴定方法的准确性以及滴定结果受废水中各种缓冲体系的影响问题，并对实验室配水实验以及真实废水实验的结果从准确度、精确性等方面来验证该方法的可行性。

4.1 九点pH滴定测量方法描述

4.1.1 基本原理

九点pH值滴定法是基于碱度的定义提出的。碱度被定义为可接受质子的物质的量。在城市废水中，总碱度为废水中可以接受质子的物质的量的总和，一般以碳酸钙碱度来表示。总碱度的变化是随着外加质子的投入而变化的。

在城市废水中，存在着众多的弱酸碱缓冲体系，主要包括碳酸盐缓冲体系、VFA缓冲体系、氨缓冲体系、硫化物缓冲体系以及磷酸盐缓冲体系，其中又以碳酸盐缓冲体系和VFA缓冲体系为主。这几种缓冲体系的缓冲强度各有不同，且所表现出最强缓冲强度的pH范围亦各不相同。由总碱度的定义可知，当废水处在某一个pH点时，此时废水中的理论总碱度应该等于废水中各种可接受质子的物质的量之和，即有式（4-1）成立：

$$M_{tot}^{TH} = C_T F_C(pH_x) + A_T F_A(pH_x) + N_T F_N(pH_x) + P_T F_P(pH_x) + S_T F_S(pH_x) + [OH^-]_{pH_x} - [H^+]_{pH_x} \tag{4-1}$$

式中，M_{tot}^{TH}为在某一pH下废水中的总碱度（以$CaCO_3$），mg/L；C_T为废水中的碳酸盐浓度，mg/L；A_T为废水中的VFA浓度，mol/L；N_T为废水中的氨氮浓度，mol/L；P_T为废水中的磷酸盐浓度，mol/L；S_T为废水中的硫化物浓度，mol/L。$F_C(pH_x)$、$F_A(pH_x)$、$F_N(pH_x)$、$F_P(pH_x)$、$F_S(pH_x)$为与各种物质在此pH以及温度条件下的各级电离常数有关的函数；$[OH^-]_{pH_x}$、$[H^+]_{pH_x}$为在此pH时废水中由于水或其他强酸强碱物质电离产生的氢氧根和氢离子的量。

如果向废水中投加质子，一般以强酸代替，随着废水中pH的改变，废水中各种可接受质子的物质的量亦发生改变，但式（4-1）仍然成立，此时式（4-1）可表示为

$$M_{tot}^{TH} - V_x C_a = C_T F_C(pH_x) + A_T F_A(pH_x) + N_T F_N(pH_x) + P_T F_P(pH_x) + S_T F_S(pH_x) + [OH^-]_{pH_x} - [H^+]_{pH_x} \tag{4-2}$$

式中，V_x为投加强酸的体积，L；C_a为投加强酸的浓度，mol/L。

根据式（4-2）可知，如果已知废水初始总碱度，理论上，在任何pH点均可以得到此pH时的总碱度方程式，进而可以运用数学解析法解析方程右边的任何一种物质在任何pH时的浓度值。

4.1.2 pH滴定点的确定

废水中影响VFA测量的主要为碳酸盐缓冲体系。因此，滴定过程pH点的

确定，主要是要考虑在所选 pH 点，碳酸盐缓冲体系以及 VFA 缓冲体系能充分体现其缓冲强度。根据 Moosbrugger 提出的原则[7]，第一和第二滴定点关于 pK_{C1}（HCO_3^-/CO_2）对称，第三和第四滴定点关于 pK_a（Ac^-/HAc）对称（建议对称的滴定点大约选择在其 pK 两边 ±0.5 个 pH）。$H_2CO_3^*$ 的 pK_{C1} 为 6.3（25℃），乙酸的 pK_a 为 4.75（25℃），所以首先选择了 pH＝6.85、6.35、5.85、5.25、4.75、4.25 六个滴定点作为滴定点。另外，考虑采用格兰滴定法确定总碱度[16]。该方法认为，当溶液 pH 为 2.4～2.7 时，仅有磷酸二氢根离子具有接受质子的能力，CO_3^{2-}、HCO_3^-、Ac^-、HPO_4^{2-}、NH_3、HS^-、S^{2-} 和 OH^- 接受质子的能力都可以忽略。因此，选择 pH＝2.65、2.55、2.45 三个滴定点作为总碱度滴定测量点。由此，本方法中共选择九个 pH 作为滴定点来测量废水中的低浓度 VFA 含量。

4.1.3　总碱度的确定

根据格兰总碱度滴定方法，pH 范围为 2.4～2.7 时，向溶液中投加强酸溶液，此时仅磷酸二氢根离子接受质子，因此，有式（4-3）成立：

$$\begin{aligned}\text{Total alkalinity}_x &= V_e C_a - V_x C_a \\ &= \{[H_2PO_4^-]_x - [H^+]_x\} \times (V_x + V_s)\end{aligned} \tag{4-3}$$

式中，V_e 为中和溶液中总碱度时所需投加该强酸的体积，L；V_s 为溶液原有体积，L。

将 $H_2PO_4^-$ 用 P_T 和其平衡常数表示可得

$$\begin{aligned}C_a(V_e - V_x) = &(V_s + V_x) \\ &\times \left[\frac{K'_{P1}K'_{P2}(H^+) \times P_T}{(H^+)^3 + K'_{P1}(H^+)^2 + K'_{P1}K'_{P2}(H^+) + K'_{P1}K'_{P2}K'_{P3}} \right. \\ &\left. \times \frac{V_s}{V_s + V_x} - 10^{-pH_x}\right]\end{aligned} \tag{4-4}$$

式中，K'_{P1}、K'_{P2}、K'_{P3} 为磷酸氢根、磷酸二氢根和磷酸盐的电离常数，其受温度、pH 有着较大的影响，在计算程序中按式(4-9)～式(4-18)对这三个常数进行修正。

方程(4-4)右边所有变量已知，定义为 F_x。将所得到的三个 pH 点的滴定数据代入方程(4-4)，以 F_x 为横坐标，V_x 为纵坐标绘图，可以得到一条一元线性关系的直线，截距(即 $F_x=0$)为 V_e，进而可以求得水样初始总碱度 M_G^{TS}，如式(4-5)所示：

$$M_G^{TS} = V_e C_a \tag{4-5}$$

那么在任何 pH_x 时，水样的总碱度可表示为

$$M_x^{TS} = (V_G - V_x)C_a = M_G^{TS} - V_x C_a \tag{4-6}$$

尽管格兰滴定法被认为是测定水样总碱度最准确的方法，但由于人为操作所带来的误差是在所难免的，因此，本章定义该误差表示为M_G^{ER}。

$$M_x^{TS} = M_x^{TH} + M_G^{ER} \tag{4-7}$$

即有式（4-8）成立：

$$M_G^{TS} - V_x C_a = C_T F_C(pH_x) + A_T F_A(pH_x) + N_T F_N(pH_x) + P_T F_P(pH_x) + S_T F_S(pH_x) + [OH^-]_{pH_x} - [H^+]_{pH_x} + M_G^{ER} \tag{4-8}$$

式中，$F_i(pH_x)$为关于特定物质的平衡常数的函数。而平衡常数受到温度和离子强度的影响。尤其在实际废水中，当水样中离子浓度较高时，由于离子间的静电作用，离子的行为受到束缚，即离子活度要小于离子浓度，小于的程度可以用活度系数（activity coefficient）来表示。因此，所有的平衡常数都必须经过修正。修正过程如下：

$$(i) = r_i[i] \tag{4-9}$$

式中，(i)为i离子的活度；$[i]$为i离子的浓度；r_i为i离子的活度系数。

在无限稀释溶液中即当所有溶质的浓度都趋近于零时，活度系数r_i趋近于1，使得化学平衡式中可以用浓度代替活度。

$$K = \frac{(H^+)(B)}{(HB)} = \frac{[H^+][B]}{[HB]} \tag{4-10}$$

式中，B代表可以具有任何电荷的任何碱。

实际废水由于离子间的干扰使得离子浓度不能代替离子活度，又根据IUPAC（国际理论与应用化学联合会）规定，对于混合酸度常数可以使用如下的计算公式：

$$K' = \frac{(H^+)[B]}{[HB]} \tag{4-11}$$

式中，$(B) = r_B[B]$；$(HB) = r_{HB}[HB]$。则方程（4-11）可变换为

$$K' = K\frac{r_{HB}}{r_B} \tag{4-12}$$

对于方程（4-12）中的活度系数可以使用Davies公式计算：

$$\lg r_i = -AZ_i^2\left[\frac{\mu^{\frac{1}{2}}}{1+\mu^{\frac{1}{2}}} - 0.2\mu\right] \tag{4-13}$$

式中，μ为溶液的离子强度；Z_i为i离子所带的电荷数；且

$$A = 1.82 \times 10^6 (\varepsilon T)^{-\frac{3}{2}} \tag{4-14}$$

其中，ε为介电常数。而溶液中的离子强度与TDS有如下关系：

$$\mu = 2.5 \times 10^{-5} \times TDS(mg/L) \tag{4-15}$$

$$TDS(mg/L) = 6.7 \times EC(mS/m) \tag{4-16}$$

式中，EC为溶液中的电导率，可以使用电导率仪进行测定。

通过离子强度对平衡常数修正之后，在此基础上进行温度对其的修正，可以使用范特霍夫公式：

$$\frac{\mathrm{d}\ln K}{\mathrm{d}T} = \frac{\Delta H^{\ominus}}{RT^2} \tag{4-17}$$

假定 $\Delta H^{\ominus}$ 在有限温度范围内不随温度变化，对式（4-17）积分得

$$\ln\frac{K_1}{K_2} = \frac{\Delta H^{\ominus}}{R}\left(\frac{1}{T_2} - \frac{1}{T_1}\right) \tag{4-18}$$

式中，K 为平衡常数；T 为热力学温度；$\Delta H^{\ominus}$ 为标准生成焓，各物质的 $\Delta H^{\ominus}$ 可以从美国的化学物理手册中查得。

4.1.4　VFA 浓度的确定

测得水样中总碱度之后，运用公式（4-8）可得出在每一个 pH 滴定点测试总碱度与理论总碱度和测试误差之间的关系式，即一个方程。那么，在碳酸滴定点（pH=6.85、6.35、5.85）和 VFA 滴定点（pH=5.25、4.75、4.25），由方程（4-8）可得到 6 个线性方程，如下所示：

$$\begin{cases}
M_{\mathrm{G}}^{\mathrm{TS}} - V_x C_{\mathrm{a}} = C_{\mathrm{T}}F_{\mathrm{C}}(\mathrm{pH}=6.85) + A_{\mathrm{T}}F_{\mathrm{A}}(\mathrm{pH}=6.85) + N_{\mathrm{T}}F_{\mathrm{N}}(\mathrm{pH}=6.85) \\
\qquad + P_{\mathrm{T}}F_{\mathrm{P}}(\mathrm{pH}=6.85) + S_{\mathrm{T}}F_{\mathrm{S}}(\mathrm{pH}=6.85) + [\mathrm{OH}^-]_{\mathrm{pH}=6.85} \\
\qquad - [\mathrm{H}^+]_{\mathrm{pH}=6.85} + M_{\mathrm{G}}^{\mathrm{ER}} \\
M_{\mathrm{G}}^{\mathrm{TS}} - V_x C_{\mathrm{a}} = C_{\mathrm{T}}F_{\mathrm{C}}(\mathrm{pH}=6.35) + A_{\mathrm{T}}F_{\mathrm{A}}(\mathrm{pH}=6.35) + N_{\mathrm{T}}F_{\mathrm{N}}(\mathrm{pH}=6.35) \\
\qquad + P_{\mathrm{T}}F_{\mathrm{P}}(\mathrm{pH}=6.35) + S_{\mathrm{T}}F_{\mathrm{S}}(\mathrm{pH}=6.35) + [\mathrm{OH}^-]_{\mathrm{pH}=6.35} \\
\qquad - [\mathrm{H}^+]_{\mathrm{pH}=6.35} + M_{\mathrm{G}}^{\mathrm{ER}} \\
M_{\mathrm{G}}^{\mathrm{TS}} - V_x C_{\mathrm{a}} = C_{\mathrm{T}}F_{\mathrm{C}}(\mathrm{pH}=5.85) + A_{\mathrm{T}}F_{\mathrm{A}}(\mathrm{pH}=5.85) + N_{\mathrm{T}}F_{\mathrm{N}}(\mathrm{pH}=5.85) \\
\qquad + P_{\mathrm{T}}F_{\mathrm{P}}(\mathrm{pH}=5.85) + S_{\mathrm{T}}F_{\mathrm{S}}(\mathrm{pH}=5.85) + [\mathrm{OH}^-]_{\mathrm{pH}=5.85} \\
\qquad - [\mathrm{H}^+]_{\mathrm{pH}=5.85} + M_{\mathrm{G}}^{\mathrm{ER}} \\
M_{\mathrm{G}}^{\mathrm{TS}} - V_x C_{\mathrm{a}} = C_{\mathrm{T}}F_{\mathrm{C}}(\mathrm{pH}=5.25) + A_{\mathrm{T}}F_{\mathrm{A}}(\mathrm{pH}=5.25) + N_{\mathrm{T}}F_{\mathrm{N}}(\mathrm{pH}=5.25) \\
\qquad + P_{\mathrm{T}}F_{\mathrm{P}}(\mathrm{pH}=5.25) + S_{\mathrm{T}}F_{\mathrm{S}}(\mathrm{pH}=5.25) + [\mathrm{OH}^-]_{\mathrm{pH}=5.25} \\
\qquad - [\mathrm{H}^+]_{\mathrm{pH}=5.25} + M_{\mathrm{G}}^{\mathrm{ER}} \\
M_{\mathrm{G}}^{\mathrm{TS}} - V_x C_{\mathrm{a}} = C_{\mathrm{T}}F_{\mathrm{C}}(\mathrm{pH}=4.75) + A_{\mathrm{T}}F_{\mathrm{A}}(\mathrm{pH}=4.75) + N_{\mathrm{T}}F_{\mathrm{N}}(\mathrm{pH}=4.75) \\
\qquad + P_{\mathrm{T}}F_{\mathrm{P}}(\mathrm{pH}=4.75) + S_{\mathrm{T}}F_{\mathrm{S}}(\mathrm{pH}=4.75) + [\mathrm{OH}^-]_{\mathrm{pH}=4.75} \\
\qquad - [\mathrm{H}^+]_{\mathrm{pH}=4.75} + M_{\mathrm{G}}^{\mathrm{ER}} \\
M_{\mathrm{G}}^{\mathrm{TS}} - V_x C_{\mathrm{a}} = C_{\mathrm{T}}F_{\mathrm{C}}(\mathrm{pH}=4.25) + A_{\mathrm{T}}F_{\mathrm{A}}(\mathrm{pH}=4.25) + N_{\mathrm{T}}F_{\mathrm{N}}(\mathrm{pH}=4.25) \\
\qquad + P_{\mathrm{T}}F_{\mathrm{P}}(\mathrm{pH}=4.25) + S_{\mathrm{T}}F_{\mathrm{S}}(\mathrm{pH}=4.25) + [\mathrm{OH}^-]_{\mathrm{pH}=4.25} \\
\qquad - [\mathrm{H}^+]_{\mathrm{pH}=4.25} + M_{\mathrm{G}}^{\mathrm{ER}}
\end{cases} \tag{4-19}$$

废水中的氨氮、磷酸盐和硫化物浓度均可通过国家标准分析方法[17]分析得出。在已知水样中氨氮浓度 N_T、磷酸盐浓度 P_T 和硫化物浓度 S_T 情况下，线性方程组（4-19）中仅有三个未知数，即碳酸盐浓度 C_T、VFA 浓度 A_T 和滴定误差 M_G^{ER}。该线性方程组为超定方程组，常用解法有模拟退火法、SA 算法和最小二乘法法[18]，这里采用最小二乘法求解。如此，即可同时求解出水样中碳酸盐浓度、VFA 浓度和滴定误差值。当计算得出 M_G^{ER} 小于预先设定的总碱度误差线 $\left(\frac{M_G^{ER}}{M_G^{TS}} \leqslant 5\%\right)$ 时，则确定此次计算得到的废水中的总碳酸浓度和 VFA 浓度（C_T 和 A_T）即为所求结果。如计算得出 M_G^{ER} 大于此误差线，则认为在操作中出现较大失误，需要重新进行滴定实验。

4.2 九点 pH 滴定法的评估与应用

4.2.1 合成废水分析

首先配制仅含乙酸的合成废水，对该废水进行滴定分析，根据回收率验证方法的准确性和精确度；然后通过分析同时含有乙酸和不同浓度的各种缓冲体系的合成废水，考察碳酸盐缓冲体系、磷酸盐缓冲体系、氨缓冲体系以及硫化物缓冲体系这几种缓冲体系对 VFA 测定结果的影响程度。滴定操作在 ZDJ-4A 型自动电位滴定仪（上海精密仪器有限公司）上进行。

据相关文献报道，污水处理厂原水中 VFA 的含量较低，一般为 10～50mg/L，根据此特性，在实验室配乙酸浓度为 10mg/L、20mg/L、30mg/L、40mg/L、50mg/L 的溶液进行滴定测量，平行实验 5 次。

碳酸盐碱度配制使用碳酸氢钠，根据城市废水中碳酸盐碱度的含量范围，在 20mg/L、30mg/L 乙酸溶液分别投加 20mg/L、40mg/L、60mg/L、80mg/L、100mg/L $CaCO_3$ 碱度进行滴定，平行实验 5 次。

城市废水中氨氮的浓度一般为 40mg/L 左右，因此，分别在乙酸溶液中投加 20mg/L、40mg/L NH_4^+-N 来测定氨体系对乙酸滴定结果的影响，平行实验 5 次。

同样，磷酸盐浓度的选择也以城市废水中磷酸盐浓度范围为准，分别在乙酸溶液中投加 3mg/L、10mg/L PO_4^{3-}-P 来测定磷酸盐体系对乙酸滴定结果的影响，平行实验 5 次。

使用加标回收率、均值的相对误差来评价测试方法的准确度。使用变异系数（相对标准偏差）来评价测试方法的精密度。

1. 仅含乙酸的合成废水

对仅含乙酸的合成废水进行滴定测量，每个水样平行滴定 5 次，滴定分析结果见表 4-1 和图 4-1。

表 4-1　10～50mg/L 乙酸溶液滴定分析结果

水样编号	理论值	测量均值 /(mg/L)	加标回收率 /%	CV /%	95%置信区间
1	10mg/L 乙酸	9.34	93.40	5.61	9.34±0.51
2	20mg/L 乙酸	20.61	103.05	3.19	20.61±0.64
3	30mg/L 乙酸	29.23	97.43	2.11	29.23±0.60
4	40mg/L 乙酸	39.50	98.75	1.29	39.50±0.50
5	50mg/L 乙酸	49.58	99.16	0.75	49.58±0.37

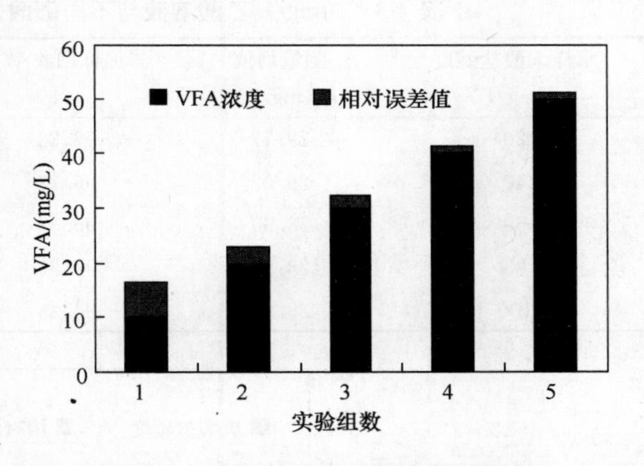

图 4-1　VFA 浓度与相对误差的关系

结果表明，对于乙酸浓度为 10～50mg/L 的合成废水，九点滴定测量方法的加标回收率均为 90%～103%，95%置信度下置信区间的宽度在 1mg/L 以下，为水样中乙酸浓度的 10%以下；相对误差随乙酸浓度的增加呈减小的趋势，最大的相对误差出现在乙酸浓度最低时，为 6.6%，而当乙酸浓度上升为 50mg/L 时，相对误差也降至 0.84%。多次测量的重现性随着乙酸浓度的增加而提高，从理论上来讲，主要是 AC^-/HAC 浓度的增加使得其缓冲能力增大，抵御酸的能力增强，pH 的变化更为缓慢，pH 电极和消耗标准盐酸量的读数更为准确，每个浓度点上 5 次平行的实验之间的差异也就越不明显。以上结果说明，在城市废水实际 VFA 含量范围内，在仅存在乙酸-乙酸盐的条件下，九点 pH 值滴定法具有很高的准确性和精确性，且随着 VFA 浓度的增大，测量的结果将更好。

2. 碳酸盐缓冲体系的影响

碳酸盐缓冲体系是废水中主要的缓冲体系，包括气体二氧化碳 CO_2(g)、液体或溶解的二氧化碳 CO_2(aq)、碳酸 H_2CO_3、重碳酸根 HCO_3^-、碳酸根 CO_3^{2-} 以及含碳酸盐固体[19]。滴定过程中，由于 pH 的变化，将导致碳酸盐平衡的移动，对乙酸盐的滴定测量可能产生影响。为此，对含乙酸浓度为 20mg/L 和 30mg/L 的合成废水，分别考察了碳酸盐浓度对其滴定结果的影响，结果见

表4-2、表4-3和图4-2、图4-3。

表4-2　20mg/L乙酸溶液与不同碳酸盐碱度共存的滴定结果

水样碳酸盐碱度 /(mg/L)	测量均值 /(mg/L)	加标回收率 /%	CV /%	95%置信区间
20	19.17	95.85	4.72	19.17±0.89
40	18.84	94.20	2.12	18.84±0.39
60	18.61	93.05	1.71	18.61±0.31
80	18.59	92.95	1.88	18.59±0.34
100	18.49	92.45	1.68	18.49±0.30

表4-3　30mg/L乙酸溶液与不同碳酸盐碱度共存的滴定结果

水样碳酸盐碱度 /(mg/L)	测量均值 /(mg/L)	加标回收率 /%	CV /%	95%置信区间
20	29.17	97.23	2.99	29.17±0.86
40	29.02	96.73	3.91	29.02±1.19
60	28.90	96.33	5.06	28.90±1.43
80	28.57	95.23	1.24	28.57±0.35
100	28.27	94.23	1.02	28.27±0.28

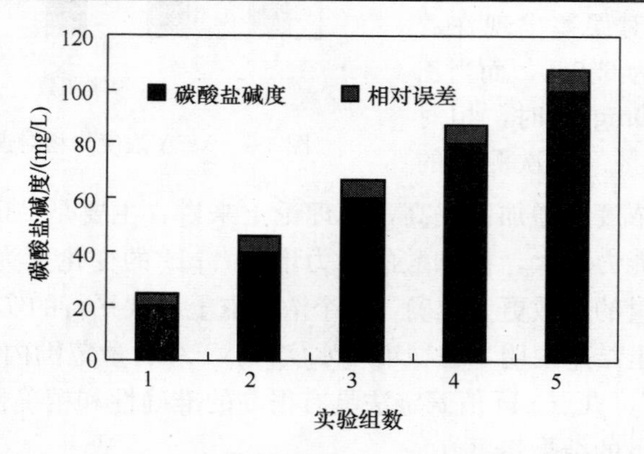

图4-2　20mg/L乙酸浓度时相对误差与碳酸盐碱度的关系

分析结果表明，当碳酸盐碱度在100mg/L以内时，对于乙酸浓度为20mg/L的合成废水，九点滴定测量方法的加标回收率均为92%～96%，95%置信度下置信区间的宽度在2mg/L以下，为水样中乙酸浓度的10%以下；对于乙酸浓度为30mg/L的合成废水，加标回收率均为94%～98%，95%置信度下置信区间的宽度在3mg/L以下，为水样中乙酸浓度的10%以下。在两个乙酸浓度下，相对误差均随碳酸盐碱度的增加而增大，但最大不超过10%；变动系数均在6%以

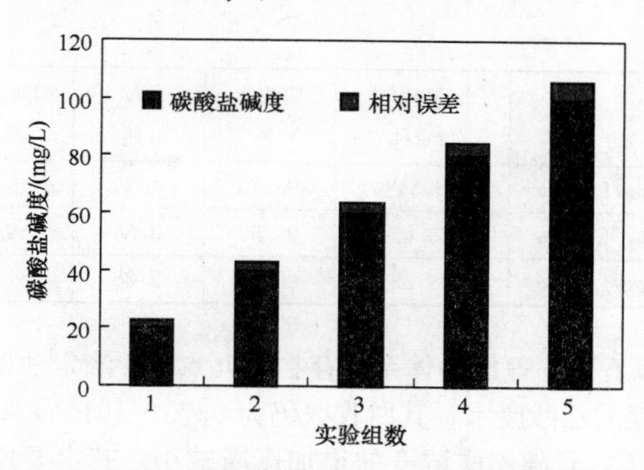

图 4-3　30mg/L 乙酸浓度时相对误差与碳酸盐碱度的关系

内。因此，100mg/L 以内的碳酸盐碱度的存在，对九点 pH 滴定法测量水样中 VFA 浓度有着较小的影响。相对而言，随着碳酸盐浓度的增大，即 C_T/A_T 增大，影响越趋明显，这主要是由于本系统并非绝对的封闭系统，在滴定过程中微量 CO_2 的挥发是存在的，随着水样中碳酸盐碱度的增大，在滴定搅拌过程中生成 CO_2 的量越多，挥发的 CO_2 的量也随着增大，使得滴定结果受到一定的影响。

3. 氨缓冲体系的影响

在城市废水中含氮化合物的存在形式主要有：有机氮（蛋白质、氨基酸、尿素以及含氮杂环化合物等）、氨氮、亚硝酸盐氮和硝酸盐氮[20]。四种含氮化合物的总量称为总氮。有机氮很不稳定，容易在微生物的作用下，转变为其他三种。在无氧的条件下，氨化为氨氮；在有氧的条件下，先氨化，再氧化为亚硝酸盐氮和硝酸盐氮[21]。一般城市废水中硝酸盐氮和亚硝酸盐氮的含量可以忽略，氮的主要存在形式是氨氮。氨氮在废水中存在形式有游离氨（NH_3）与离子状态铵盐（NH_4^+）两种，故氨氮等于两者之和。废水进行生物处理时，氨氮不仅向微生物提供营养，而且对废水的 pH 起缓冲作用。实验分别考察了 20mg/L NH_4^+-N 和 40mg/L NH_4^+-N 存在时，对浓度为 10mg/L、30mg/L 和 50mg/L 的乙酸合成废水的滴定结果的影响，结果见表 4-4。

表 4-4　乙酸溶液与氨碱度共存的滴定结果

水样组成		测量均值/(mg/L)	回收率/%	CV/%	相对误差/%	95%置信区间
20mg/L NH_4^+-N	10mg/L HAc	9.49	94.90	4.43	−5.10	9.49±0.88
	30mg/L HAc	29.29	97.63	3.54	−2.37	29.29±1.50
	50mg/L HAc	50.53	101.06	2.05	+1.06	50.53±1.26

续表

水样组成		测量均值/(mg/L)	回收率/%	CV/%	相对误差/%	95%置信区间
40mg/L NH_4^+-N	10mg/L HAc	9.34	93.40	4.20	−6.60	9.340±0.67
	30mg/L HAc	28.65	95.50	3.36	−4.50	28.65±1.28
	50mg/L HAc	49.22	98.44	2.28	−1.56	49.22±1.09

从表4-4可以看出，氨缓冲体系的存在对九点pH滴定法的测试结果影响不大。对于不同浓度的乙酸废水，其回收率仍为93%～101%，相对误差的绝对值控制在6.60%以下，且随乙酸浓度的增加逐渐减小。其主要原因是在滴定范围内随着A_T/N_T之比增大，乙酸体系在滴定过程中起主导缓冲作用也不断增加，使得氨体系的影响逐渐减小。

4. 磷酸盐缓冲体系的影响

城市废水中磷的主要来源包括人体排泄物、食物残渣、洗涤剂、工业原料等，其存在形态则取决于废水的类型，最常见的有：磷酸盐（$H_2PO_4^-$、HPO_4^{2-}、PO_4^{3-}）、聚磷酸盐和有机磷[22]。城市废水中总磷以磷酸盐形态存在。溶解性聚磷酸盐或有机磷在水溶液中经过水解或生化作用最后都会转化为正磷酸盐[23]。正磷酸盐在废水中呈现溶解状态，在接近中性的废水中主要以HPO_4^{2-}的形式存在。城市废水含磷为0～10mg/L，其中约70%是可溶性的[24]。传统的二级处理出水中，有90%左右的磷以磷酸盐的形式存在。随着pH的不同，磷酸盐也会发生平衡的移动，表现出缓冲能力，也有可能对VFA的滴定测量产生影响。为此，考察了3mg/L和10mg/L的磷酸盐存在时对乙酸滴定结果的影响，结果见表4-5。

表4-5 乙酸溶液与磷酸盐碱度共存的滴定结果

水样		测量均值/(mg/L)	回收率/%	CV/%	相对误差/%	95%置信区间
3mg/L PO_4^{3-}-P	10mg/L HAc	9.55	95.50	4.34	−5.10	9.55±0.76
	30mg/L HAc	29.17	97.23	3.36	−2.77	29.17±1.33
	50mg/L HAc	49.63	99.26	2.07	+0.74	49.63±1.05
10mg/L PO_4^{3-}-P	10mg/L HAc	9.41	94.10	4.18	−5.90	9.41±0.58
	30mg/L HAc	28.95	96.50	3.08	−3.50	28.95±1.43
	50mg/L HAc	49.12	98.24	1.76	−1.76	49.12±0.86

由表4-5可知，城市废水中磷酸盐浓度处于正常水平时对滴定结果影响轻微，乙酸的回收率为94%～99%，相对误差的绝对值在5.90%以下，且滴定误

差与变异系数均随着溶液中乙酸浓度的增加而逐渐减小。

以上分析了城市废水中常见的几种缓冲体系存在时对九点 pH 滴定测量方法测量 VFA 浓度的影响。由结果可知，在一般城市废水中各种缓冲体系的正常含量范围之内，其对该方法测量 VFA 浓度的影响较小。

4.2.2　实际废水分析

1. 实验方法与程序

废水水样取自重庆市某污水处理厂隔栅井出水，按照与合成废水分析相同的方法对实际废水进行滴定分析，测定其中 VFA 的浓度。同时，使用离子色谱（美国戴安 DX-120）对水样进行分析。色谱条件如下。

（1）淋洗液：0.4mmol/L 七氟丁酸-乙腈（体积比 97∶3）。

（2）再生液：5mmol/L 四丁基氢氧化铵。

（3）淋洗液流速：1.0mL/min。

（4）进样体积：50μm/次。

由于滴定测量得到的是废水中全部 VFA 之和，色谱法得到的是单组分，这里是乙酸和丙酸，两者之间可能存在一定差异，其大小取决于废水中乙酸和丙酸在总 VFA 中所占比例。一般认为，城市废水中的 VFA 主要是乙酸，其次是丙酸。因此，两种方法得到的结果具有一定的可比性和相关性，多次测量也能反映各方法在应用于实际废水时的稳定性。

2. 结果与讨论

色谱法测定乙酸和丙酸的标准曲线和色谱图分别如图 4-4 和图 4-5 所示，两种方法得到的结果及其比较见表 4-6。

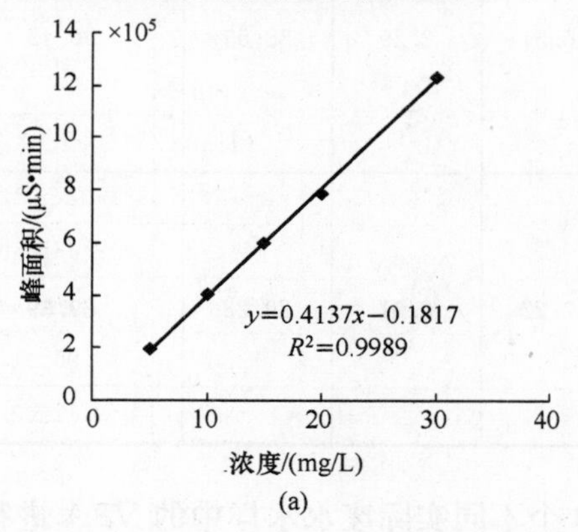

(a)

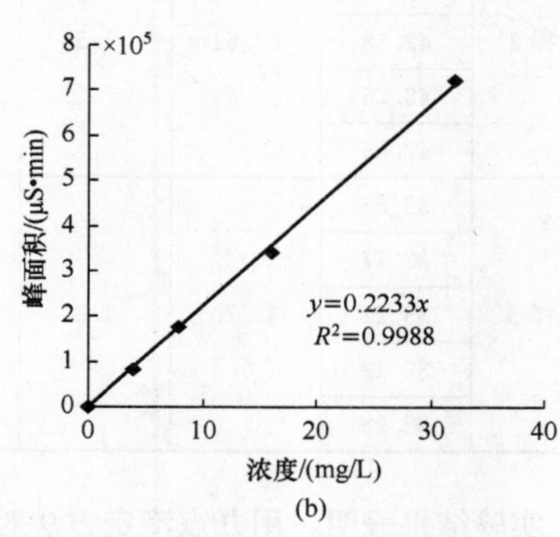

(b)

图 4-4　乙酸、丙酸的标准曲线

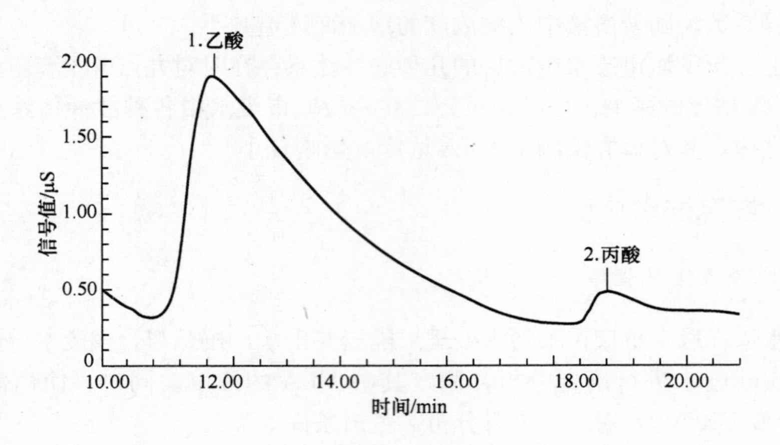

图 4-5 一个样品的色谱图

表 4-6 实际废水 VFA 的滴定法测量与离子色谱法测量结果

样品 \ 方法	滴定法 测量值/(mg/L)	滴定法 均值/(mg/L)	滴定法 变异系数CV/%	离子色谱法 乙酸/(mg/L)	离子色谱法 丙酸/(mg/L)	离子色谱法 合计/(mg/L)	离子色谱法 占滴定法比例/%
水样 1	36.27	36.15	1.7	28.45	4.32	32.77	90.65
	35.33						
	37.05						
	36.21						
	35.89						
水样 2	41.62	42.61	1.5	36.24	2.29	38.53	90.42
	43.14						
	42.38						
	43.26						
	42.65						
水样 3	32.36	32.70	1.3	27.22	2.01	29.23	89.39
	32.77						
	33.22						
	32.19						
	32.98						

实验结果表明，用九点滴定方法对 3 个不同实际废水水样中的 VFA 进行滴定测量，多次测量结果的变异系数均在 2%以内，表现出良好的重现性。色谱法

得到的乙酸与丙酸之和占滴定法测得的总VFA的90%左右，与文献报道的结果相近。两种方法所测结果有着很好的相关性，相关性达到0.9987，表明九点滴定方法能够用于城市废水中较低浓度的VFA的表征。

4.3　本章小结

基于废水中任意pH下碱度等于该废水中所有接受质子的物质的量的总和这一基本概念，结合格兰总碱度滴定方法，提出了废水中VFA的九点滴定方法，并进行了实验验证，得到以下结论：

（1）对于10～50mg/L乙酸合成废水，九点pH滴定法的结果与理论值很接近，相对误差为－6.6%～1.1%，变异系数在6%以内，且均随乙酸浓度的增大而减小。测定结果准确，重现性好。

（2）酸盐碱度在100mg/L以内时，对九点滴定法的VFA测定结果没有明显影响，相对误差随着碳酸盐碱度的增大而增大，但保持在－7.6%～－4.2%。变异系数随着碱度的增加而减小，均在5%以内。

（3）对于NH_4^+-N在40mg/L以内的乙酸合成废水，在乙酸浓度为10mg/L、30mg/L、50mg/L时，滴定测量均值与理论值的相对误差在6.6%以内，变异系数在4.43%以内，均随着溶液中乙酸浓度的增大而减小；当PO_4^{3-}-P在10mg/L以内时，相对误差为－5.9%～0.74%，变异系数为1.76%～4.34%。测定结果的准确性和重现性没有受到氨和磷酸盐缓冲体系的影响。

（4）利用九点滴定法测定实际城市废水的VFA具有很好的重现性，测定结果和色谱法得到的结果具有很好的一致性。九点滴定方法能够用于城市废水中较低浓度VFA的快速表征。

参考文献

[1] Barker P S，Dold P L. Generalmodel for biological nutrient removal actived sludge system model application [J]. Water Environment Research，1998，69(5)：985～991.

[2] Stephens H L，Stensel H D. Effect of operating conditions on biological phosphorus removal [J]. Water Environment Research，1998，69(3)：362～369.

[3] Buchauer K. A comparison of two simple titration procedures to determine volatile fatty acids in influents to wastewater and sludge treatment processes [J]. Water SA，1998，24(1)：49～56.

[4] DiLallo R，Albertson O E. Volatile acids by direct titration [J]. Journal of the Water Pollution Control Federation，1961，33：356～365.

[5] Ripley L E，Boyle W C，Converse J C. Improved alkalimetric monitoring for anaerobic digestion of high strength wastes [J]. Journal of the Water Pollution Control Federation，1986，58：406～411.

[6] Seghezzo L，Zeeamn B，van Lier J B，et al. A review：The anaerobic treatment of sewage in UASB and EGSB reactors [J]. Bioresource Technology，1998，65：175～190.

[7] Moosbrugger R E, Wentzel M C, Ekama G A, et al. Weak acid/bases and pH control in anaerobic systems—A review [J]. Water SA, 1993, 19(6): 1～10.

[8] Lahav O, Morgan B E, Loewenthal R E. A rapid simple and accurate method for measurement of VFA and carbonate alkalinity in anaerobic reactors [J]. Environmental Science Technology, 2002, 36: 2736～2741.

[9] 陈庆今，刘焕彬，胡勇有. 气相色谱测厌氧消化液挥发性脂肪酸的快速法研究[J]. 中国沼气，2003，21(4)：3～5.

[10] 齐风兰，韩英素，赵金海. 直接进样-气相色谱法分析发酵液中的脂肪酸[J]. 色谱，1987，6：382～385.

[11] 胡家元. 气相色谱法快速测定白酒与发酵液中的低沸点有机酸[J]. 色谱，1993，2：87～89.

[12] 吴飞燕，贾之慎，朱岩. 离子色谱电导检测法测定酒中的有机酸和无机阴离子[J]. 浙江大学学报（理学版），2006，33(3)：312～315.

[13] 沈培明，陈正夫. 恶臭的评价与分析[M]. 北京：化学工业出版社，2005：208～209.

[14] APHA. Standard Methods for the Examination of Water and Wastewater. 16th ed [M]. Washington D. C.: American Public Health Association, 1985.

[15] 建设部给排水产品标准化技术委员会. 城镇废水处理及再生利用标准汇编[M]. 北京：中国标准出版社，2006.

[16] Gran G. Determination of the equivalence point in potentiometric titrations. Analyst, 1952, 77: 661～671.

[17] 国家环境保护总局. 水和废水监测分析方法[M]. 北京：中国环境科学出版社，2002.

[18] 李宝家，刘昊阳. 超定方程组的一种解法 [J]. 沈阳工业大学学报，2002，24(1)：76～77.

[19] David R. CRC Handbook of Chemistry and Physics. 87th ed [M]. Boca Raton: CRC Press, 2006.

[20] 门晓欣. 氧化沟同时硝化/反硝化及生物除磷的机理研究 [J]. 中国给水排水，1999，15(3)：1～6.

[21] 赵旭涛，顾国维. 城市废水生物脱氮技术研究 [J]. 上海环境科学，1995，14(9)：17～20.

[22] 刘瑾，高廷耀. 生物除磷机理的研究 [J]. 同济大学学报，1995，23(4)：387～392.

[23] 毕学军，高廷耀. 缺氧/厌氧/好氧工艺的脱氮除磷研究 [J]. 上海环境科学，1999，18(1)：19～21.

[24] 毕学军，高廷耀. 生物脱氮除磷工艺好氧区硝化功能的强化试验 [J]. 上海环境科学，2000，19(4)：183～186.

第 5 章　废水中活性微生物 COD 组分表征

废水 COD 中的活性微生物包括异养微生物 X_H、自养微生物 X_A 和聚磷菌 X_{PAO}。目前，对这些组分的直接测定还存在困难，尤其是 X_A 和 X_{PAO}。在以往的废水表征中一般忽略这些组分。也有一些学者把分子生物学的方法用于研究污泥中的活性微生物，如 ATP 分析[1]、DNA 分析[2]、微自动射线照相[3]和核糖体 RNA 荧光探针[4]等。但这些技术的应用有些尚不完全成熟，有些操作非常复杂，需要一些精密的实验设备，并且这些方法测得的微生物与废水处理中的活性微生物可能并不一致：分子生物学测到的是微生物细胞的量，而在废水处理中活性微生物是一个宏观的概念，不仅与微生物细胞的量有关，还与细胞所处的代谢状态有关，甚至包括细胞外的具有活性的酶。

尽管研究已经表明，活性异养微生物 COD 组分在城市污水总 COD 中占有明显的比例[5,6]。但是，少有文献报道在 COD 组分表征中对该组分进行单独测量，而是通过模型校核将其纳入 SBCOD 或颗粒性不可生物降解 COD 组分 X_I。这对其他组分的测量也带来了很大误差，并对活性污泥过程的模拟产生明显影响，特别是对于高负荷的处理系统。

5.1　方 法 描 述

5.1.1　批式呼吸方法

把原水水样置于 1L 的反应器，向水样加入 ATU 至浓度为 20mg/L，将水样迅速加热至 25℃恒温，同时快速曝气至基本饱和，用磁力搅拌器进行搅拌，在密闭的条件下用溶解氧传感器测量反应器内溶解氧浓度的变化。由于开始时快速易生物降解基质处于饱和浓度，通过对数据的分析计算得到原污水初始的最大 OUR。已知活性异养菌的最大比 OUR 为 150mgO_2/(gVSS·h)[7]，根据式(5-1)计算原水中活性异养菌 COD 组分的初始浓度：

$$X_H = \frac{OUR}{150} \times f_{CV} \times 1000 \tag{5-1}$$

式中，X_H 为原污水中活性异养菌 COD 组分的初始浓度，mg/L；OUR 为原污水初始的最大 OUR，mg/(L·h)；f_{CV} 为 VSS 和 COD 的转换系数，一般为 1.42gCOD/gVSS。

5.1.2 模型拟合方法

原水不接种污泥，用混合呼吸仪测其OUR(25℃，pH＝7.5～7.8)，开始时RBCOD饱和，微生物处于对数生长期，OUR指数增加直至RBCOD几乎耗尽，然后有一个OUR陡降，其指数上升段的微生物生长模型为[8,9]

$$\frac{\mathrm{d}X_{\mathrm{H}}}{\mathrm{d}t}=\bar{\mu}_{\mathrm{H}}\frac{S_{\mathrm{S}}}{K_{\mathrm{S}}+S_{\mathrm{S}}}X_{\mathrm{H}}-b_{\mathrm{H}}X_{\mathrm{H}} \tag{5-2}$$

式中，$\bar{\mu}_{\mathrm{H}}$ 为异养菌的最大比生长速率，d^{-1}；S_{S} 为快速易生物降解COD组分(RBCOD)的浓度，mg/L；K_{S} 为RBCOD的半饱和常数，mg/L；b_{H} 为异养菌的比衰减速率，d^{-1}。

基质饱和时（$S_{\mathrm{S}}\gg K_{\mathrm{S}}$），由式（5-2）得

$$\frac{\mathrm{d}X_{\mathrm{H}}}{\mathrm{d}t}=\bar{\mu}_{\mathrm{H}}X_{\mathrm{H}}-b_{\mathrm{H}}X_{\mathrm{H}}$$

$$\Rightarrow X(t)=X(0)\mathrm{e}^{(\bar{\mu}_{\mathrm{H}}-b_{\mathrm{H}})t} \tag{5-3}$$

将式（5-3）代入式（5-4）得式（5-5）：

$$\mathrm{OUR}(t)=-\frac{\mathrm{d}S_{\mathrm{S}}}{\mathrm{d}t}(1-Y_{\mathrm{H}})=\bar{\mu}_{\mathrm{H}}X_{\mathrm{H}}\frac{1-Y_{\mathrm{H}}}{Y_{\mathrm{H}}} \tag{5-4}$$

$$\mathrm{OUR}(t)=\bar{\mu}_{\mathrm{H}}X(0)\mathrm{e}^{(\bar{\mu}_{\mathrm{H}}-b_{\mathrm{H}})t}\frac{1-Y_{\mathrm{H}}}{Y_{\mathrm{H}}} \tag{5-5}$$

式中，Y_{H} 为异养微生物的产率系数。

对式（5-5）两边取对数，得

$$\ln\mathrm{OUR}(t)=(\bar{\mu}_{\mathrm{H}}-b_{\mathrm{H}})t+\ln\left[\frac{\bar{\mu}_{\mathrm{H}}X(0)(1-Y_{\mathrm{H}})}{Y_{\mathrm{H}}}\right] \tag{5-6}$$

式（5-6）表明OUR的对数值与时间 t 之间是线性关系，斜率 k 和截距 y 分别为

$$k=(\bar{\mu}_{\mathrm{H}}-b_{\mathrm{H}}) \tag{5-7}$$

$$y=\ln\left[\frac{\bar{\mu}_{\mathrm{H}}X(0)(1-Y_{\mathrm{H}})}{Y_{\mathrm{H}}}\right] \tag{5-8}$$

考虑时间单位的换算，由式（5-9）计算污水中初始的活性异养微生物COD组分的浓度：

$$X(0)=\frac{\mathrm{e}^{y}\cdot 24\cdot Y_{\mathrm{H}}}{(k\cdot 24+b_{\mathrm{H}})(1-Y_{\mathrm{H}})} \tag{5-9}$$

式中，$b_{\mathrm{H}}=0.62\times(1.029)^{T-20}$，$T$ 为温度,℃；Y_{H} 取0.68。

5.2　两种方法的应用与比较

5.2.1　模型拟合方法的改进

批式方法的呼吸实验简单、快速；模型拟合方法是测量 OUR 随微生物生长而不断增加的过程，必须要得到足够明显的 OUR 的指数上升阶段，才能够确定污水中初始微生物的浓度。Ubisi 等[10]的实验结果显示（图 5-1），测试的原水的初始 OUR 只有 2mg/(L·h)，污水中的 RBCOD 足以维持异养菌的生长达 8h 之久，最终的 OUR 也不到 10mg/(L·h)，因此能够得到一段明显的 OUR 指数曲线段。但是本研究直接用非同一天的 3 个原水水样得到的结果却与此明显不同，结果如图 5-2 所示。初始的 OUR 都在 20mg/(L·h) 左右，是 Ubisi 等的实验结果的 10 倍左右，污水中原有的 RBCOD 只能维持异养菌 1～3h 的生长，得到的指数段并不十分明显，特别是水样 A2，对应的线性变换的相关系数也偏低[图 5-2(d)]。最终的计算结果确实表明，本实验所使用的污水中异养菌的初始浓度是 Ubisi 等所使用的污水的 10 倍。但是，本研究的结果与 Mathieu 和Etienne[11]得到的结果很相似，如图 5-3 所示：原水的初始 OUR 为 10～14mg/(L·h)，RBCOD在 2～3h 内消耗完，原水中异养微生物 COD 组分与总 COD 之比至少在 10%以上，最高达到 60%以上，平均为 30%，本研究的水样中这一比例也在 20%～40%，而 Ubisi 等的结果却明显偏低，只有 4%左右。

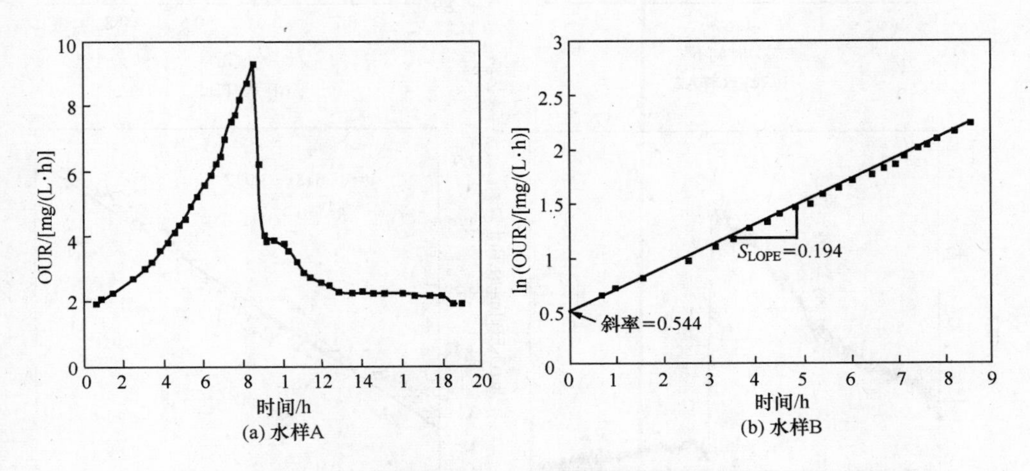

图 5-1　Ubisi 等由批实验得到的原水的 OUR 响应（a）及其上升段的 ln(OUR)-t 图（b）

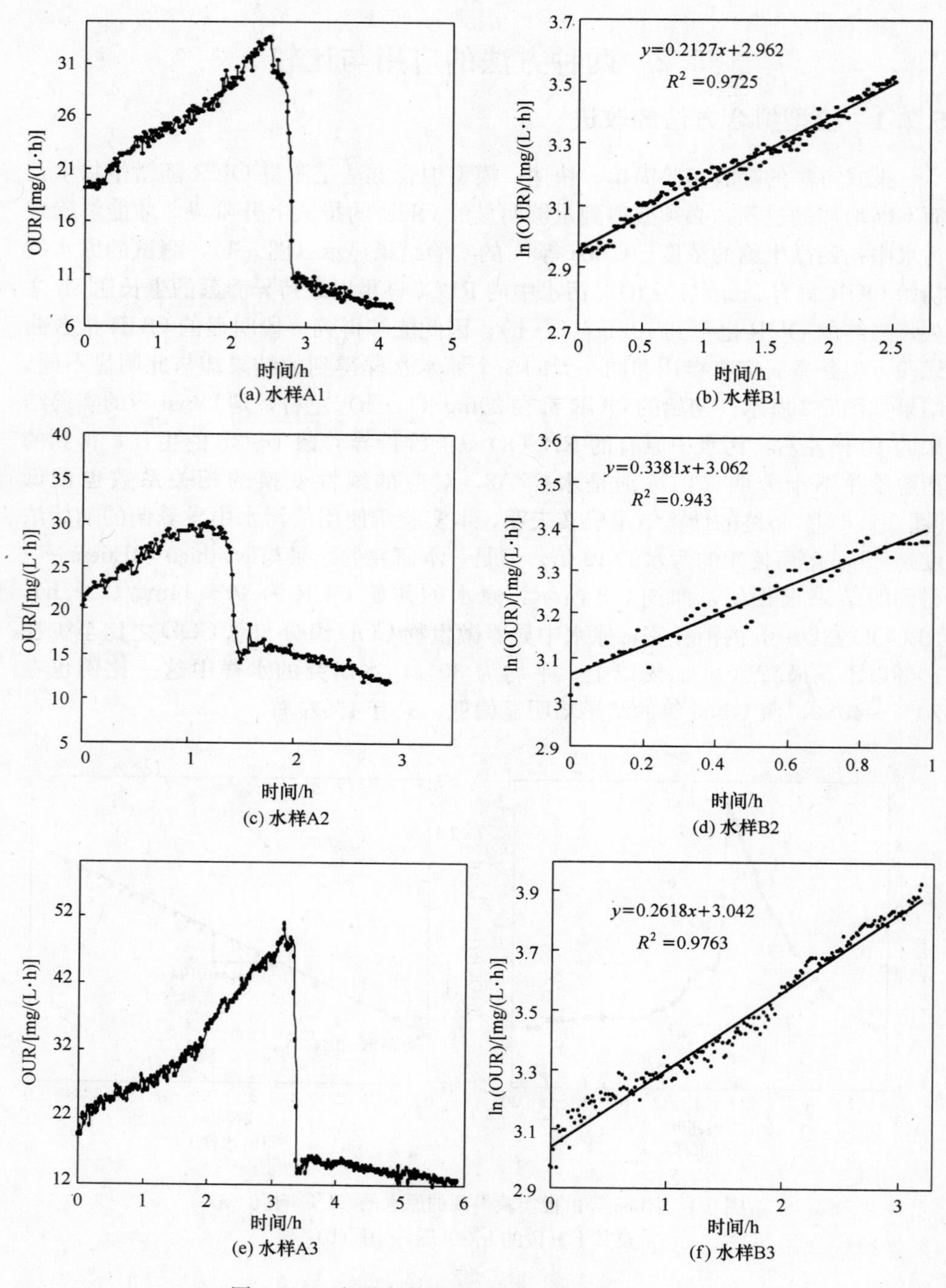

图 5-2　三个原水水样的 OUR 响应[(a)、(c)、(e)]
及其上升段的 ln(OUR)-t 图[(b)、(d)、(f)]

由此可见，一般城市污水中的异养微生物的比例较高而RBCOD的比例相对较低，这些RBCOD不足以维持异养菌较长时间的生长而得到明显的指数OUR曲线段。对于这种污水，直接进行呼吸实验得不到最佳的结果。为此，向原水中投加RBCOD（如乙酸盐）作为改进措施，结果如图5-4所示。

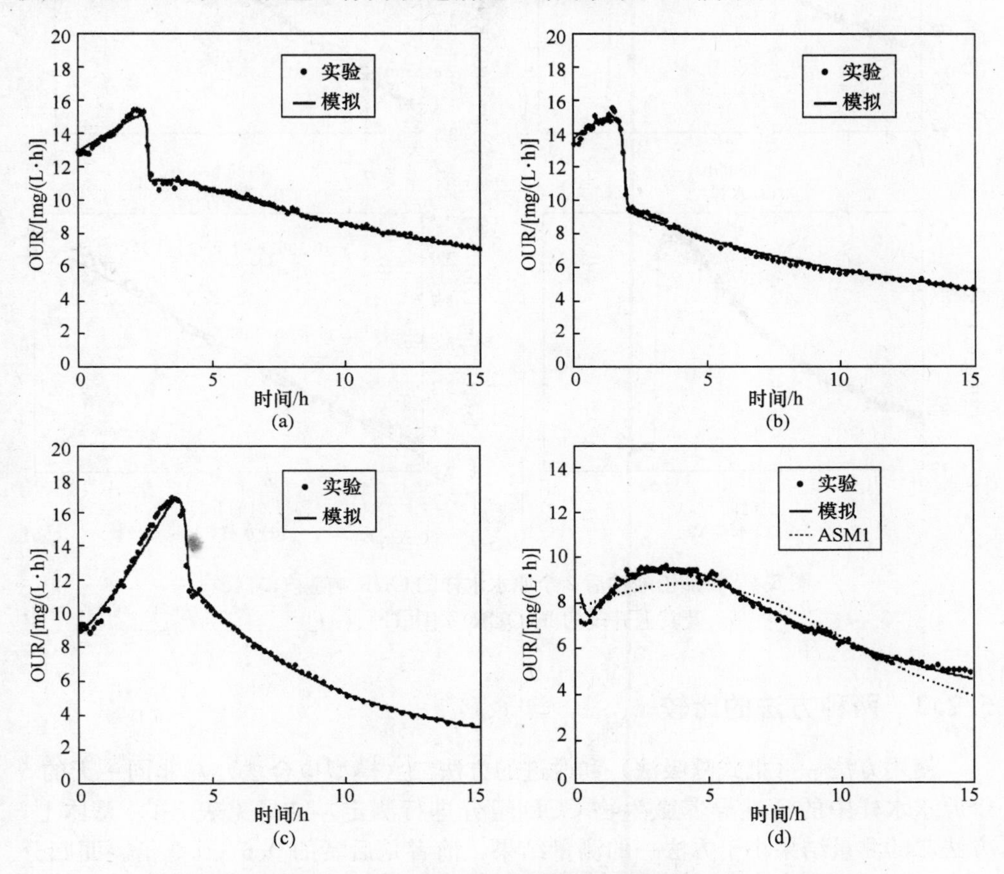

图5-3　Mathieu和Etienne得到的城市污水原水的OUR曲线
［(a)、(b)、(c)为新鲜水样，(d)为4℃搅拌条件下保存48h的水样］

由图5-4可以看出，改进方法取得了很好的效果，非同一天的2个水样都得到了明显的OUR指数上升段，对应的线性变换的相关系数也得到了提高。但是，对于初始微生物浓度过高的废水，投加外源的RBCOD也会使OUR在短时间内得到非常高的值，如图5-4的A1，3h内OUR达到60mg/(L·h)以上，如果继续投加RBCOD，OUR会持续增加，这容易导致呼吸测量中供氧不足情况的发生。因此，外源基质的投加并非不受限的。对原水进行稀释和投加外源基质的方法相结合是一种更好的实验方案。

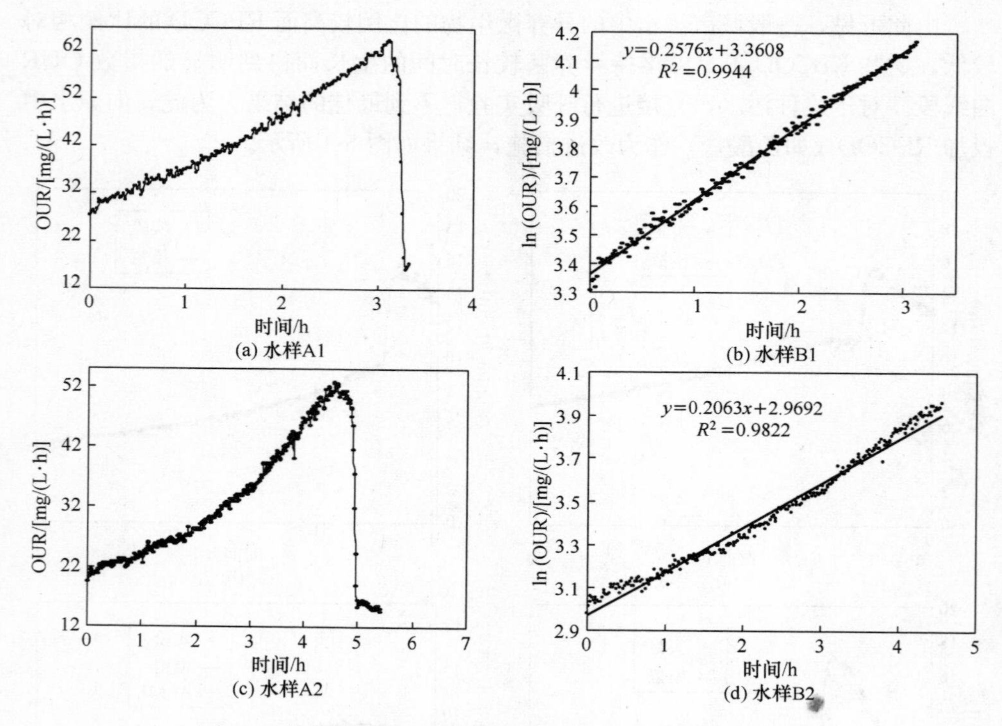

图 5-4 投加乙酸钠后 2 个原水水样的 OUR 响应[(a)、(c)]
及其上升段的 ln(OUR)-t 图[(b)、(d)]

5.2.2 两种方法的比较

使用方法一（批式呼吸法）和改进的方法二（模型拟合法）对非同一天的 5 个原水水样中的活性异养微生物 COD 组分进行测定，结果见表 5-1。总体上，方法二的测量结果小于方法一的测量结果，前者是后者的 0.6～0.9 倍。回归分析表明$X_H(0)$（方法二）$=0.78X_H(0)$（方法一），相关系数为 0.48，表明两者具有一定的相关性。至于哪种方法更准确，目前还无法定论，也没有相关的文献报道。Wentzel 等利用方法二测定了 SRT＝12d 和 20d 的实验室缺氧/好氧活性污泥中的 X_H，并将得到的实验结果与稳态设计模型和动态模拟模型得到的模拟结果进行对比，结果表明：对于 SRT＝12d 的污泥，两者较为吻合［图 5-5(a)］，而对于 SRT＝20d 的污泥，模拟值大约是实测值的 2 倍［图 5-5(b)］。Cronje 等[12]用 SRT＝10d 的污泥重复了 Wentzel 等的工作，得到了与其 SRT＝20d 的污泥类似的结果［图 5-6(a)］。考虑到实验中需要从混合液的 OUR 中减去原水中微生物的 OUR，这样可能引入误差，因此采用絮凝过滤废水重新进行实验，结果表明实测值与模拟值比较吻合［图 5-6(b)］。Cronje 等[12]还使用了类似的方法对污泥中活性自养菌进行测定，但未能成功，模拟值约是实测值的 2.5 倍(图 5-7)。

表 5-1　两种方法得到的 5 个原水水样的 $X_H(0)$

水样编号	$X_H(0)$（方法二）/(mg/L)	$X_H(0)$（方法一）/(mgCOD/L)	$\frac{X_H(0)（方法二）}{X_H(0)（方法一）}$
水样 1	160	182	0.88
水样 2	116	193	0.60
水样 3	144	185	0.78
水样 4	200	258	0.78
水样 5	165	185	0.89

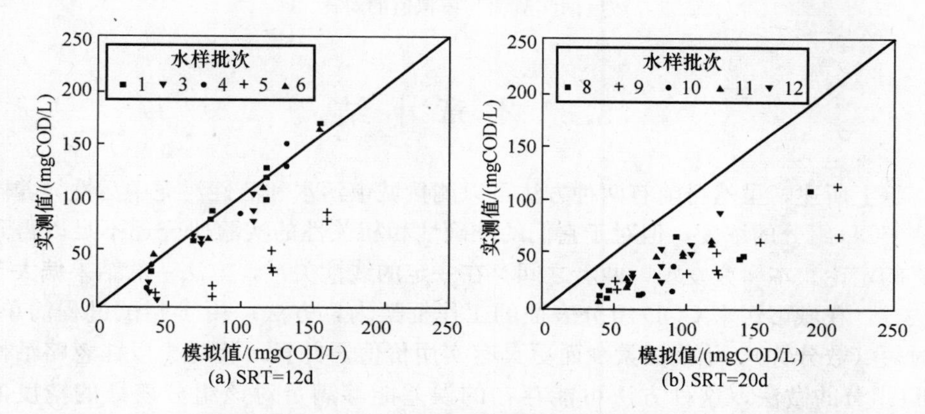

(a) SRT=12d　　(b) SRT=20d

图 5-5　Wentzel 等得到的污泥中活性异养菌浓度的实测值与模拟值的对比

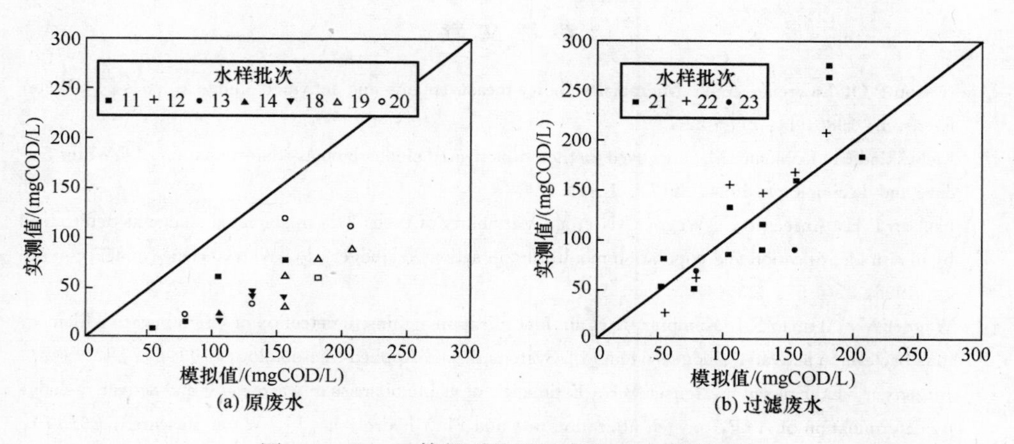

(a) 原废水　　(b) 过滤废水

图 5-6　Cronje 等得到的污泥中活性异养菌浓度的实测值与模拟值的对比

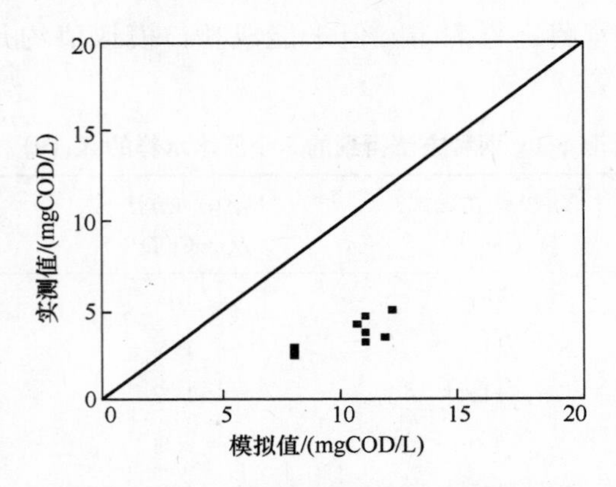

图 5-7　Cronje 等得到的污泥中活性自养菌浓度的实测值与模拟值的对比

5.3　本章小结

综上所述，虽然目前有两种方法可以测量城市污水和活性污泥中活性异养微生物COD组分的浓度，但对于它们的准确性和相关性的实验研究还不足以得到最终的定论。本研究发现，两者之间存在一定的线性关系，方法一的结果偏大于方法二。在城市污水COD组分表征的工作框架内，方法一由于测试过程简单、耗时短（数分钟）、干扰因素少而更具有实用价值。并且，相对于以往忽略活性COD组分的做法，这种方法可能存在的误差能够满足对该组分表征的精度的要求。

参考文献

[1] Nelson P O, Lawrence A W. Microbial viability measurements and activated sludge kinetics [J]. Water Research, 1980, 14: 217～225.

[2] Liebeskind M, Dohmann M. Improved method of activated sludge biomass determination [J]. Water Science and Technology, 1994, 29(7): 7～13.

[3] Nielsen P H, Anreasen K, Wagner M, et al. Variability of type 021N in activated sludge as determined by in situ identification and population monitoring in activated sludges [J]. Water Science and Technology, 1998, 37(4-5): 423～430.

[4] Wagner M, Amman R I, Kampfer P, et al. Identification and insitu detection of Gram-negative filamentous bacteria in activated sludge system [J]. Systematic and Applied Microbiology, 1994, 17: 405～417.

[5] Jorgensen J E, Eriksen T, Jensen B K. Estimation of viable biomass in wastewater and activated sludge by determination of ATP, oxygen utilization rate and FDA hydrolysis [J]. Water Research, 26(11): 1495～1501.

[6] Munch E, Pollard P C. Measuring bacterial biomass-COD in wastewater containing particulate matter

[J]. Water Research, 1997, 31(10): 2550～2556.

[7] Henze M. Nitrate versus oxygen utilization rates in wastewater and activated sludge system [J]. Water Science and Technology, 1986, 18(6): 115～122.

[8] Kappeler J, Gujer W. Estimation of kinetic parameters of heterotrophic biomass under aerobic Conditions and characterization for activated sludge modeling [J]. Water Science and Technology, 1992, 25(6): 125～139.

[9] Wentzel M C, Mbewe A, Ekama G A. Batch test for measurement of readily biodegradable COD and active organism concentrations in municipal wastewaters [J]. Water SA, 1995, 21: 117～124.

[10] Ubisi M F, Jood T W, Wentzel M C, et al. Activated sludge mixed liquor heterotrophic active biomass [J]. Water SA, 1997, 23(3): 239～248.

[11] Mathieu S, Etienne P. Estimation of wastewater biodegradable COD fractions by combining respirometric experiments in various S_o/X_o ratios [J]. Water Research, 2000, 34(4): 1233～1246.

[12] Cronje G L, Beeharry A O, Wentzel M C, et al. Activated biomass in activated sludge mixed liquor [J]. Water Research, 2002, 36: 439～444.

第 6 章　废水 COD 组分表征方法体系构建

分析测试的结果总是受所采用的方法和条件的影响，规范化和标准化是一种常用的应对措施。建立一套废水 COD 组分的标准化表征方法应该是活性污泥模型研究的目标之一和应用前提。本章在综合第 2～5 章研究成果的基础上，从必要性、可行性、指导思想、测试流程、操作细则等方面，对建立的废水 COD 组分表征标准化方法进行论述。

6.1　概　　述

6.1.1　建立标准化表征方法的必要性

国际水协活性污泥模型课题组一开始就把模型开发工作的目的确定为为废水处理科学与技术的研究人员、废水处理工程的咨询人员、设计人员和运行管理人员提供一个开放的标准化的模拟仿真平台。因此，提出的 4 套 ASMs 采用了相同的开发思想和表述形式。理论和实践表明，组分划分和过程划分的模型开发方法和矩阵式的模型表达形式已经被广为接受，基于这一标准平台已提出了各种扩展模型和简化模型。但是，在模型的实际应用方面还缺乏统一的模型组分表征方法，特别是进水 COD 组分的测试方法。在 ASMs 开发之初的 20 世纪 80 年代，国际水协通过对现有可能的组分测试方法的回顾与总体评价，发现有些模型组分还不能直接或精确地测定，有些理论上可行的方法还缺乏实践操作经验，有些组分的多种测试方法之间还没有足够的对比评估而难以取舍。因此，考虑到进一步研究和开发的需要，国际水协没有就 ASM 框架内的城市污水进水 COD 组分表征提出标准化的方法[1～4]。在随后的 20 多年里，ASM 在全世界范围内得到广泛传播，为越来越多的人所了解、研究和应用。但是，在进水 COD 组分表征方面，由于没有一个统一的技术规范来指导模型应用者选择测试方法和设置测试条件，导致同一组分出现了多种测试方法，同一测试方法在不同的实验条件下进行。这使得人们无法判断报道结果的差异在多大程度上是客观事实的反映，多大程度上是源于测试方法和条件的不同。更为严重的是，有些测试方法上的不同导致的后果已不仅仅是测试结果数值上差异，而是引发了多重水质表征的问题。这种混乱使结果缺乏可比性，阻碍了知识和经验的交流，不利于活性污泥模型的研究和应用。为此，有必要将用于 ASMs 的废水 COD 组分测试方法和测试程序统一和规范化，建立废水 COD 组分表征的标准化方法程序。

国际水协 2004 年在澳大利亚 Marrakech 召开的第 5 届世界水科学会议上提出组建一个新的课题组（Task Group：Good modeling practice—Guidelines for use of activated sludge model），开发为国际所接受的污水处理厂模型应用导则。作为该工作的一部分，课题组于 2007 年在全世界范围内对活性污泥模型的应用情况进行了调查，确定组分表征是模型应用中最为耗时费力的环节，是当前模型应用和评估的最大障碍之一[5]。标准化的表征程序已经成为迫切需要解决的问题。

6.1.2　建立标准化表征方法的可行性

在过去的 20 多年里，在废水 COD 组分测试方法的开发和应用上积累了大量经验，特别是物理化学方法的实际应用。可生物降解 COD 组分的测量是以前建立标准化表征方法所面临的主要困难。目前，利用呼吸测量法已经能够同时测量快速易生物降解 COD 组分和慢速可生物降解 COD 组分，结合物理化学测量方法和物料平衡计算，能够实现所有 COD 组分的测定。并且，与实验室受控的实验相比，工业化污水处理厂是一个大系统，灵敏度较低，稳定性较好，为标准化表征方法的建立提供了可能。国际水协专门课题组的成立，表明开发污水处理厂模型应用导则的时机已经基本成熟。

6.1.3　建立标准化表征方法体系的指导思想

对一个污水处理系统进水的详细了解有助于对系统的运行进行良好的预测和管理。污水组成对实际系统运行的影响程度与其对设计影响程度相似，所给污水的特征可以用较翔实或不甚翔实的程序来描述。水质特征描写得越翔实，从模型模拟得出的结论就越准确。因此，可根据模型的用途来确定污水特性表征的复杂程度：如果模型模拟用于污水处理系统的设计和运行管理，则需要翔实的污水特性表征；如果用于教学目的，则不需要很复杂的污水特性表征。

荷兰应用水研究基金会（STOWA）提出的导则以 ASM 的培训为目的，因此，简单性得到了优先考虑。为此，物理化学法和常规 BOD 分析成为导则采用的主要测试方法，也没有考虑活性微生物组分的测量[6]。

这里建立的废水 COD 组分表征方法的目的是促进活性污泥模型的实际应用。因此，采用合理的测试方法获得准确的测试结果是建立标准化导则的指导思想；同时，兼顾方法的简单性和可操作性。所以，提出的标准化表征方法以尽可能准确测量废水中可生物降解 COD 组分为优先原则，以生物测试法为核心方法。

6.2 废水 COD 组分表征标准化方法体系

6.2.1 适用范围

本方法体系适用于表征国际水协活性污泥模型（进水）COD 的 7 个组分：

（1）快速易生物降解 COD 组分——RBCOD（readily biodegradable COD）；

（2）慢速可生物降解 COD 组分——SBCOD（slowly biodegradable COD）；

（3）可发酵的易生物降解 COD 组分——S_F；

（4）发酵产物 COD 组分——S_A；

（5）活性异养微生物 COD 组分——X_H；

（6）溶解性不可生物降解 COD 组分——S_I；

（7）颗粒性不可生物降解 COD 组分——X_I。

6.2.2 主要仪器和试剂

主要仪器和试剂有：

（1）混合呼吸测量仪；

（2）玻璃砂芯过滤装置；

（3）真空泵；

（4）磁力搅拌器；

（5）自动电位滴定仪；

（6）分光光度计；

（7）电导率仪；

（8）标准 COD 测量全套装置和试剂；

（9）标准 MLVSS 测量全套装置；

（10）20g/LATU（丙烯基硫脲）溶液；

（11）20g/L 乙酸钠溶液；

（12）0.6mol/L 硫酸锌溶液；

（13）6mol/L 氢氧化钠溶液；

（14）2mol/L 盐酸溶液；

（15）0.45μm 高质量滤膜（如聚醚砜滤膜）；

（16）0.03mol/L 盐酸溶液；

（17）0.05mol/L 氢氧化钠溶液；

（18）分光光度计法测量磷酸盐所需试剂；

（19）分光光度计法测量氨氮所需试剂；

（20）碘量法测量硫化物所需试剂。

6.2.3　分析项目及其方法

废水 COD 组分表征标准化方法体系建议中涉及的分析项目及其所采用的分析测试方法见表 6-1。

表 6-1　废水 COD 组分表征方法体系的分析项目

分析项目	分析方法
进水总 COD——$COD_{inf,tot}$	标准方法
污泥浓度——MLVSS	标准方法
进水滤液 COD——$COD_{inf,ff}$	絮凝+过滤，标准方法
进水可生物降解 COD——$BCOD_{inf}$	呼吸测量法
进水快速易生物降解 COD——RBCOD	呼吸测量法
进水滤液可生物降解 COD——$BCOD_{inf,ff}$	絮凝+过滤，呼吸测量法
活性异养微生物 COD——X_H	批式呼吸测量
进水发酵产物 COD 组分——S_A	絮凝+过滤，滴定测量法
进水氨氮、磷酸盐	分光光度计法
进水硫化物	碘量法

6.2.4　分析测试流程

标准化方法建议的所有分析测试工作的流程如图 6-1 所示。安排工作流程的基本原则是尽量缩短水样保存的时间，为此，污泥的采样、调理和校核曲线的建立要先于污水采样，为污水的分析测试做好准备。污水总 COD（$COD_{inf,tot}$）测量、污水絮凝和过滤、污水批式呼吸测量可同时进行。污水和污泥混合液呼吸测量要优先于滤液总 COD（$COD_{inf,sol}$）测量以及滤液和污泥混合液呼吸测量，因为滤液中的活性微生物极少，而且处于高 pH 下，易于保存。

6.2.5　主要实验操作细则

对标准化方法体系中涉及的主要的非标准测试方法进行说明，对于标准测试方法参照国家标准[7]进行。

1. 污泥取样与调理

为了保证污泥具有好的活性，最好取曝气池出口处的污泥混合液经浓缩后的污泥。取来的污泥样品使用自来水洗涤 2～3 次，以去除残留基质和微生物代谢产物。污泥要进行充分浓缩以获得高浓度污泥，这样便于在呼吸实验中根据需要

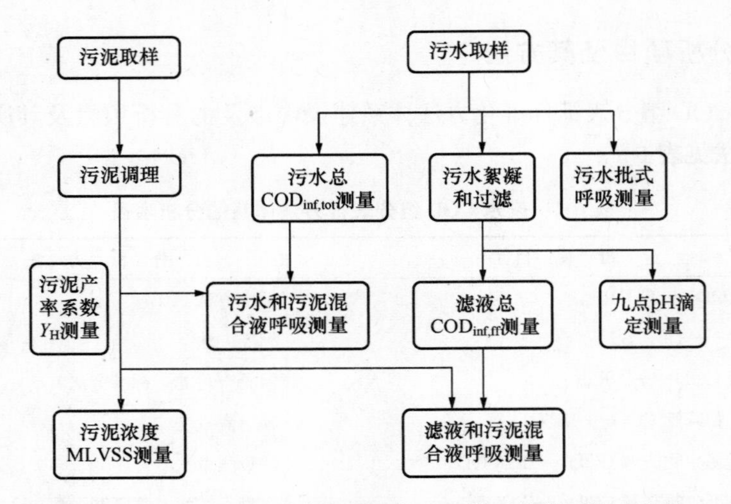

图 6-1 废水COD组分表征标准化方法体系的分析测试流程

通过稀释的方法获得不同浓度的污泥混合液，可以减小接种污泥的体积以降低对污水的稀释作用。对浓缩污泥进行空曝2～4h，也不要过度空曝，以防止出现污泥“休眠”。

2. 校核曲线的建立

实验用混合呼吸测量仪进行。以乙酸钠（NaAc）作为RBCOD的模拟基质。实验之前先使用待测基质对活性污泥进行驯化，并投加ATU 20mg/L抑制可能存在的硝化反应。向处于内源呼吸的污泥混合液（MLVSS浓度在1000mg/L左右）中投加不同量的浓度约20gCOD/L的NaAc溶液，使混合液中基质浓度为5～50mgCOD/L的5～6个浓度点(例如10mgCOD/L、15mgCOD/L、20mgCOD/L、30mgCOD/L、40mgCOD/L、50mgCOD/L)。测量每个投加量对应的耗氧量。对投加的COD量和对应的耗氧量进行线性回归，直线的斜率即为$1-Y_H$。

实验过程中温度可维持在20～25℃的某个温度上，但要注意与其他实验温度保持一致。用HCl和NaOH溶液调节pH为7.8±0.2。

对同一个城市污水处理厂的污水和污泥，没有必要每次都重新进行该项工作，只需对以往的校核曲线在正常情况下定期修正或遇到异常情况时修正即可。

3. 污水取样

根据研究的目的，污水可以在污水处理厂不同位置取样：如果为了了解污水处理厂进水的水质状况，可在总进水口或隔栅后取样；如果为了了解单元过程对水质组成的影响，就需要在该过程的进口和出口分别采样；如果是为了活性污泥模型的运行，则必须在活性污泥工艺的进水口（一般是初沉池出水口）取样。

取来的污水水样不能采用常规的酸化或加入抑制剂的保存方法，只能使用4℃下冷藏的方法加以保存，因为在后续的分析工作中需要利用原水中的活性微生物进行生物测试。但是，有研究表明这种方法不足以有效控制有机物的降解及其相互转化，会对水质表征的结果产生影响。因此，水样要尽快分析，尽量避免保存或缩短保存时间。

4. 污水的絮凝和过滤

絮凝过程依照以下步骤进行：按照每100mL废水样投加1mL絮凝剂的比例向水样中投加0.6mol/L的$ZnSO_4$溶液，用磁力搅拌器搅拌保证其混合，随后滴加6mol/L NaOH调整pH至10.5±0.3。在投加絮凝剂后的1min内，磁力搅拌转子的转速应保持在200r/min左右，随后保持30r/min的转速5min，静置1h，随后取上清液进行COD测试或过滤。

过滤最好选用质量好的滤膜，如聚醚砜材料的滤膜，避免使用醋酸纤维和混合纤维等材料的易溶出其他物质的滤膜，滤膜使用前先用蒸馏水漂洗和滤洗，以消除溶出物对测试结果的影响。

5. 污水批式呼吸测量

把原水水样置于1L的反应器，不接种活性污泥，向水样加入ATU至浓度为20mg/L，将水样迅速加热至指定温度（与其他实验温度保持一致），同时快速曝气至饱和后停止曝气。用磁力搅拌器进行搅拌，在密闭的条件下用溶解氧传感器测量反应器内溶解氧浓度的变化，记录和保存这些溶解氧浓度数据。对数据回归分析得到原污水初始的最大OUR。

6. 污水（滤液）和污泥混合液呼吸测量

呼吸实验用混合呼吸测量仪进行。首先根据污水的总COD和接种浓缩污泥的浓度及呼吸仪反应器的总体积，按照$S(0)/X(0)=0.2\sim0.6$，计算需要的污泥和污水体积，不足的部分用自来水补足。如果是首次测试，建议事先对最佳$S(0)/X(0)$进行实验验证。

将污泥和自来水加入呼吸仪反应器，向曝气室不断曝气，投加ATU 20mg/L抑制硝化，待系统恒温后（20～25℃的某个温度，与其他实验温度保持一致），打开呼吸仪软件，从内源呼吸开始记录。为了避免因水样的投加造成呼吸仪中混合液的温度和溶解氧浓度降低，事先将水样迅速加热到系统温度并快速曝气至溶解氧饱和。然后，将污水样投加到曝气室，记录呼吸速率直到重新进入内源呼吸。

滤液的呼吸测量操作与上述污水的呼吸测量操作基本相同，只是事先将滤液的 pH 调整到一般废水的正常 pH 范围（7.5～7.8）。

7. 滴定测量实验

滴定以盐酸及氢氧化钠溶液为滴定剂，使用自动滴定设备进行，以准确判定滴定终点。滴定时，尽可能创造密封的条件，选择搅拌转速时应平衡考虑溶液的迅速均衡溶解以及搅拌过快导致的 CO_2 和氨的挥发。

6.2.6 计算方法

废水COD组分表征标准化方法体系的计算方法见表6-2。

表6-2 废水COD组分表征标准化方法体系的计算方法

基本方程	城市污水COD组分
$COD_{inf,tot}=RBCOD+S_I+SBCOD+X_I+X_H+X_A+X_{PAO}$ $RBCOD=S_F+S_A$ 假设：$X_A=0, X_{PAO}=0$ $COD_{inf,tot}=RBCOD+S_I+SBCOD+X_I+X_H$ $COD_{inf,ff}=BCOD_{inf,ff}+S_I$ $BCOD_{inf}=RBCOD+SBCOD$ $BCOD_{inf}=\frac{\int_{t_0}^{t_2}OUR_{ex}^{inf}dt}{1-Y_H}\cdot\frac{V_{tot}^{inf}}{V_{ww}^{inf}}$ $BCOD_{inf,ff}=\frac{\int_{t_0}^{t_2}OUR_{ex}^{ff}dt}{1-Y_H}\cdot\frac{V_{tot}^{ff}}{V_{ww}^{ff}}$	$RBCOD=\frac{\int_{t_0}^{t_1}OUR_{ex}^{inf}dt}{1-Y_H}\cdot\frac{V_{tot}^{inf}}{V_{ww}^{inf}}$ $SBCOD=BCOD_{inf}-RBCOD$ （SBCOD、RBCOD也可以用ASM解析法确定） S_A——九点pH滴定测量方法测定 $S_F=RBCOD-S_A$ $S_I=COD_{inf,ff}-BCOD_{inf,ff}$ $X_H=\frac{OUR_{XH}}{150}\times f_{CV}\times 1000$ $X_I=COD_{inf,tot}-RBCOD-S_I-SBCOD-X_H$ $X_A=0$ $X_{PAO}=0$

符号说明：

X_A——城市污水中活性自养微生物浓度，mg/L；

X_{PAO}——城市污水中活性聚磷微生物浓度，mg/L；

OUR_{ex}^{inf}——污水和污泥混合液呼吸测量的外源呼吸速率，mg/(L·min) 或 mg/(L·h)；

OUR_{ex}^{ff}——滤液和污泥混合液呼吸测量的外源呼吸速率，mg/(L·min) 或 mg/(L·h)；

t_0——污水或滤液投加的时间，min 或 h；

t_1——污水中 RBCOD 降解完毕的时刻，min 或 h；

t_2——污水或滤液中可生物降解基质降解完毕、微生物呼吸速率再次进入内源呼吸的时间，min 或 h；

V_{ww}^{inf}、V_{tot}^{inf}——污水和污泥混合液呼吸测量中投加的污水体积和混合液总体积，mL；

V_{ww}^{ff}、V_{tot}^{ff}——滤液和污泥混合液呼吸测量中投加的滤液体积和混合液总体积，mL；

OUR_{XH}——原污水初始的最大呼吸速率，mg/(L·h)；

150——活性异养微生物的最大呼吸速率，mg/(g·h)；

f_{CV}——VSS 和 COD 的转换系数，gCOD/gVSS，一般为 1.42。

6.3 本章小结

总结废水 COD 组分表征方法研究成果，本章构建了一套废水 COD 组分表征标准化方法体系，对活性污泥模型框架下废水 COD 组分测试的仪器、试剂、分析项目、测试方法、测试工作流程、实验操作细则和计算方法等进行了详细规定，以期使这方面的工作能够规范化。本章提出的标准化方法体系的特点在于：①以呼吸测量作为快速易生物降解 COD 组分和慢速可生物降解 COD 组分的测量方法，与以往以物理化学方法为主的做法有着本质的区别；②以九点滴定方法对废水中的 VFA 组分进行快速测量；③对原水直接进行分析测试来获得 S_I 组分，不会受到溶解性惰性产物的干扰；④考虑了污水中活性异养微生物组分的单独测量；⑤导则所依赖的核心仪器——混合呼吸测量仪具有很高的自动化程度和简单友好的用户操作界面，使原本复杂的呼吸测量实验及其结果的分析统计简单化，确保了所建议标准化方法的可操作性。

参 考 文 献

[1] Henze M, Jr Grady C P L, Gujer W, et al. Activated sludge model No. 1 [R]. IAWPRC Science and Technology Report No. 1, London, 1987.

[2] Henze M, Gujer W, Mino T, et al. Activated sludge model No. 2d, ASM2D [J]. Water Science and Technology, 1999, 39(1): 165～182.

[3] Gujer W, Henze M, Mino T, et al. The activated sludge model No. 2: Biological phosphorus removal [J]. Water Science and Technology, 1995, 31(2): 1～11.

[4] Gujer W, Henze M, Mino T, et al. Activated sludge model No. 3 [J]. Water Science and Technology, 1999, 39(1): 182～192.

[5] Hauduc H, Gillot S, Rieger L, et al. Activated sludge modeling in practice: An international survey [J]. Water Science and Technology, 2009, 60(8): 1943～1951.

[6] Roeleveld P J, van Loosdrecht M C M. Experience with guidelines for wastewater characterization in The Netherlands [J]. Water Science and Technology, 2002, 45(6): 77～87.

[7] 国家环境保护总局《水和废水检测分析方法》委员会. 水和废水检测分析方法．第四版[M]. 北京：中国环境科学出版社，2002：210～220.

第 7 章　废水 COD 组分表征方法体系的应用

7.1　城市污水处理厂进水 COD 表征

7.1.1　A 污水处理厂进水 COD 表征

1. 污水处理厂概况

重庆市 A 污水处理厂坐落于嘉陵江畔，是重庆市第一座现代化城市污水处理厂（图 7-1）。总投资 1.2 亿人民币，设计规模为 6 万 t/d。占地面积 97 亩，服务面积 827 公顷，服务人口 20 多万人。采用传统的活性污泥法。污泥处理采用厌氧二级消化法，工艺流程如图 7-2 所示。

图 7-1　重庆市 A 污水处理厂鸟瞰图

1）污水进厂

市政下水道管网中的城市污水自流入厂，入口处为溢流槽。当进水流量超过 90000t/d 时，污水溢流入排洪沟。污水经溢流槽后，通过两台粗格栅机和两台圆弧形机械细格栅机，用于捞去污水中较大的污渣。

2）曝气沉砂除油池

该池为三组钢筋混凝土锥底矩形池，长 27m，宽 6.5m，高 4.6m，每组容积 $370m^3$，每组池中有 27 个扩散器用于鼓风曝气。平均流速时，污水在曝气沉砂除油池里停留33.1min，曝气后，浮油被移动桥上的刮油机刮至池端除去，沉砂被移动桥上的真空泵吸入砂石分离器，送到污渣斗内外运。吸出泥沙和刮去浮油在移动桥移动时同步进行。

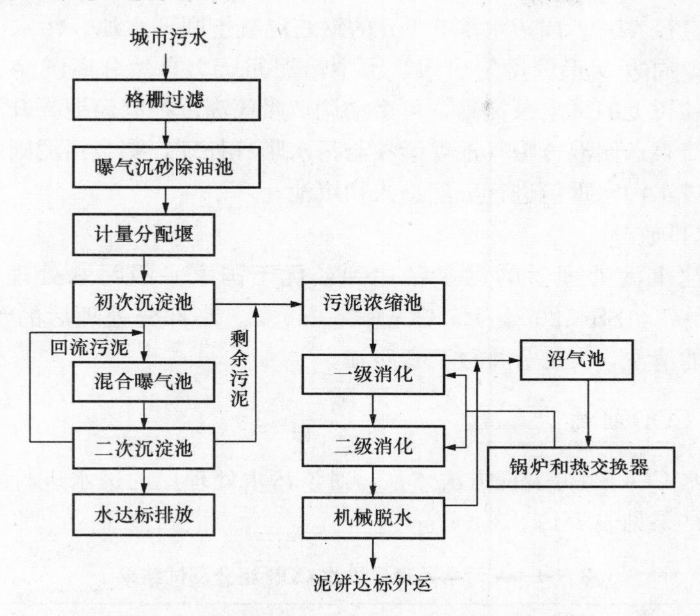

图7-2　重庆市A污水处理厂工艺流程图

3）计量分配堰

又称巴歇尔槽，用于测量水流量，宽1.22m，所测流量包括从内部泵回的污水量。槽内采用超声波流量计进行计量，数据传送到主控室，由计算机进行累计和监控。经计量的污水均匀分配到两个初次沉淀池。

4）初次沉淀池

每池为直径42m、深2.6m的钢筋混凝土圆形水池，有效容积为3600m^3，池底呈漏斗形。当污水平均流速为0.7m/h时，在初沉池中停留约3.6h。辐流式进水，池边V形堰均匀出水，水中的污泥靠重力自然分离沉淀。污水在初次沉淀池中生化需氧量BOD_5去除率达25%～30%，固体悬浮物SS去除率达60%。每个初沉池上装有一台半桥式周边驱动刮泥机，斜板式刮板将分离沉淀的污泥刮至污泥斗外运。

5）曝气池

初沉池出水在混合池里与回流污泥混合后进入曝气池。曝气池为两组矩形池，每组长53m，宽16m，水深6.5m，每个容积为5500m^3，最大流量时污水滞留5.5h。每组靠三台（两用一备）鼓风机经微孔曝气头向曝气池连续供给充足的空气，使污水含氧量保持在2mg/L，创造微生物生长繁殖的有利环境。

6）二次沉淀池

每池为直径42m、周边水深3.5m的钢筋混凝土圆形水池。污水由二沉池中心均匀进水，周边V形堰均匀出水，水中污泥靠重力自然分离沉淀。沉淀下来的污泥由移动桥上的真空泵提升，可手动调节吸筒高度控制污泥提升浓度。污泥提升后经回流泵送回混合曝气池继续参与污水曝气处理，剩余污泥则由泵送至计量分配堰与进水污水重新进行分配进入初沉池。

7）出水排放

经二沉池沉淀处理后的污水已达到或优于国家一级污水处理排放标准：BOD_5＜20mg/L，SS＜20mg/L，COD＜60mg/L。小部分处理后的污水回流用做脱水机房的清洗，大部分排放到嘉陵江。

2. 进水COD组成

按照废水COD组分表征方法体系，对该污水处理厂的进水进行6天6个水样的测试，结果见表7-1。

表7-1　A污水处理厂进水COD组分测试结果

水样编号	COD_{tot} /(mg/L)	BCOD /(mg/L)	RBCOD /(mg/L)	SBCOD /(mg/L)	X_H /(mg/L)	S_I /(mg/L)	X_I /(mg/L)
1#	493	225	45	180	133	14	121
2#	607	217	54	163	278	26	86
3#	400	192	33	159	136	11	61
4#	509	227	48	179	148	16	118
5#	516	243	52	191	148	16	109
6#	716	278	74	204	168	10	260

1）进水COD组分浓度的波动

统计6天的水样COD组分浓度的变动系数以反映污水处理厂进水水质的波动情况，结果如图7-3所示。由图可以看出，进水总COD的波动为20%，可生物降解COD组分的波动为12%，小于进水总COD的波动；而不可生物降解COD组分S_I和X_I的波动都大于进水总COD的波动，特别是X_I的波动最大，达到55%。这表明进水中有机组分的浓度要比无机组分稳定得多。可能是由于有机组分主要来源于人类的生产和生活活动，这些活动在一定的区域和时间内具有一定的稳定性，如人们的生活习惯等。而无机组分可能受到一些非正常的因素干扰，如地面不定期清洗、雨水冲刷路面等。在可生物降解COD组分内，慢速可生物降解COD组分SBCOD要比快速易生物降解COD组分RBCOD稳定，这与RBCOD更容易受X_H的影响有关，因为X_H的变动也导致RBCOD的较大变动。BCOD是RBCOD和SBCOD之和，因此它的波动由这两个组分共同决定，其变动系数位于这两个组分的变动系数之间。

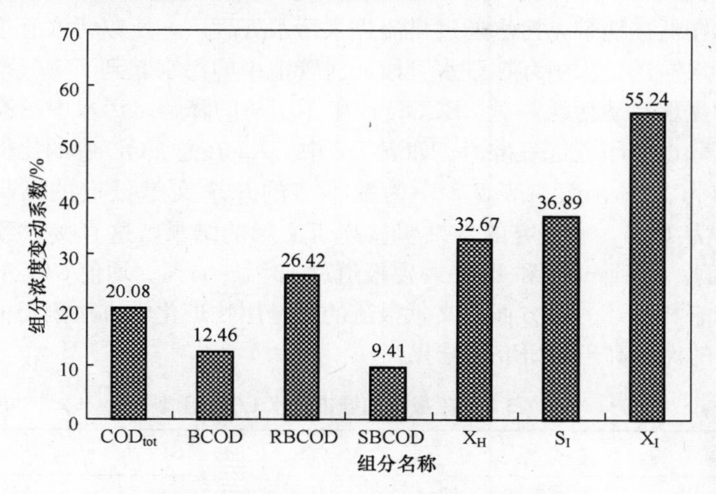

图7-3　6天水样的COD组分浓度的变动系数

2）进水COD组成分析

根据表7-1的测试结果，计算各个组分在总COD中所占的比例，并对这些比值进行统计分析，结果见表7-2。

表7-2　进水COD组分与总COD的比例　　(单位：%)

指标	$\frac{BCOD}{COD_{tot}}$	$\frac{RBCOD}{COD_{tot}}$	$\frac{SBCOD}{COD_{tot}}$	$\frac{X_H}{COD_{tot}}$	$\frac{S_I}{COD_{tot}}$	$\frac{X_I}{COD_{tot}}$
1#	45.64	9.13	36.51	26.98	2.84	24.54
2#	35.75	8.90	26.85	45.80	4.28	14.17
3#	48.00	8.25	39.75	34.00	2.75	15.25
4#	44.60	9.43	35.17	29.08	3.14	23.18
5#	47.09	10.08	37.02	28.68	3.10	21.12
6#	38.83	10.34	28.49	23.46	1.40	36.31
AVE	43.32	9.35	33.96	31.33	2.92	22.43
STD	4.91	0.77	5.12	7.87	0.93	7.99
CV/%	11.34	8.24	15.08	25.11	31.76	35.63

表7-2显示，RBCOD在总COD中所占的比例为8.25%～10.34%，平均为9.35%。表7-3列出的文献报道值（包括原水和初沉水）为5%～35%，平均为18%，其中原水中为8%～27%，平均为16%。对比结果表明，A污水处理厂原水中RBCOD的比例仅为文献报道结果的50%左右，这一方面是由于水质的差异。因为本研究所取水样的污水处理厂所在城市为典型的山地，地势起伏大，污水处理厂建在低洼地带，污水通过自流进入污水处理厂，所以污水管道处于未充满状态，污水输送过程中存在跌水管段，对管道中的污水起到了曝气作用，使得好氧微生物生理活动活跃，对RBCOD产生了明显的降解。污水中较高的活性异养微生物组分也能印证这一推论。如表7-2中，X_H在总COD中的比例为23%～46%，平均为31%；而在表7-3中为数不多的几个文献报道的结果为5%～25%，平均为14%。本研究的结果明显高于文献的结果，这直接导致了较低的RBCOD比例。Spérandio和Paul[16]曾报道过13%～64%、均值34%的结果，与本研究的结果相近。另一方面，文献报道的多是用物理化学方法测得的结果，因此RBCOD的比例高于本研究的结果。

表7-3 文献报道的城市污水COD组成 （单位:%）

水　源	X_S	X_I	S_I	S_S	X_H	参考文献
原水（Sweden）	33	17	15	27	8	[1]
原水（Denmark）	40	18	2	20	20	[2]
原水（South Africa）	62	13	5	20	—	[3]
原水（South Africa）	50～77	7～20	4～10	8～25	0	[4]
原水（Turkey）	39	13	6	13	—	[5]
原水（Turkey）	65	8	3	9	—	[5]
原水（Turkey）	64	10	3	13	—	[5]
原水（China）	75	9	3	8	6	[6]
原水（China）	73	8	5	10	5	[6]
初沉水（South Africa）	60	4	8	28	—	[7]
初沉水（Switzerland）	45	11	11	32	—	[8]
初沉水（Hungary）	43	20	9	29	—	[8]
初沉水（Denmark）	49	19	8	24	—	[8]
初沉水（Denmark）	43	14	3	20	11	[9]
初沉水（Switzerland）	53	9	20	11	7	[10]
初沉水（Switzerland）	60	8	10	7	15	[10]

续表

水 源	X_S	X_I	S_I	S_S	X_H	参考文献
初沉水（Switzerland）	55	10	12	8	15	[10]
初沉水（Switzerland）	56	26	8	10	—	[11]
初沉水（Switzerland）	58	24	8	10	—	[11]
初沉水（Switzerland）	40	9	10	16	25	[12]
初沉水（Spain）	33	25	9	18	15	[13]
初沉水（France）	44	13	10	33	—	[14]
初沉水（France）	41	8	6	25	—	[14]
初沉水（Turkey）	77	10	4	9	—	[15]
初沉水（France）	48	13	7	8	23	[16]
初沉水（South Africa）	45～85	0～10	5～20	10～35	0	[4]
—	40～80	7～22	4～16	5～25	—	[17]
初沉水（China）	43	13	16	28	—	[18]
初沉水（China）	40	23	15	22	—	[18]
曝沉水（China）	14	70	6	10	—	[19]
初沉水（China）	17	62	11	10	—	[19]

在所有比例关系中，RBCOD在总COD中的比例最稳定，其比值的变动系数仅为8.24%。对6天水样的RBCOD浓度和总COD浓度进行回归分析，结果如图7-4所示。线性回归的相关系数达到0.9，表明两者具有校核相关性。如果这种关系经过更大样本的调查仍能成立，那么就可以用于RBCOD简单快速确定。

图7-5显示了RBCOD和SBCOD与它们的和（BCOD）之间的关系。结果表明，在BCOD中这两个组分所占的比例比较稳定，RBCOD占22%左右，SBCOD占78%左右。

本研究测定的水样的SBCOD与总COD的比值为26.85%～39.75%，平均为33.96%，明显低于文献报道的数据14%～85%、平均51%的结果。这主要是由于这些文献报道的结果大部分把X_H包括在SBCOD中。观察表7-3中那些对X_H进行了单独测量的结果，其SBCOD在总COD中所占的比例与本研究的结果更接近。如果把本研究的X_H纳入SBCOD中，则它们的和占总COD的52%～74%，与文献报道值接近。

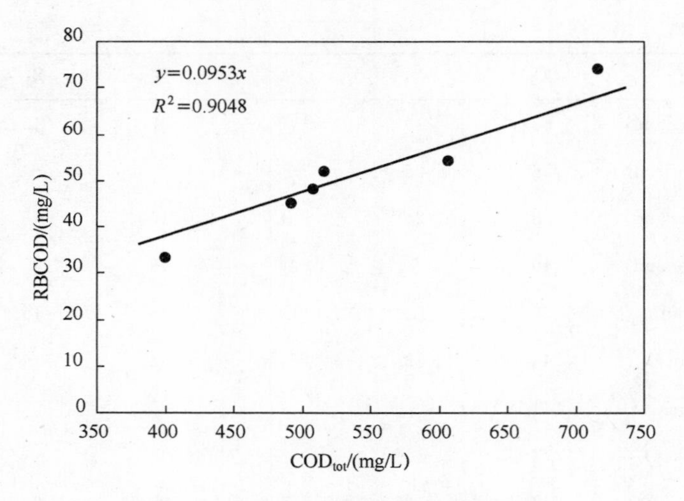

图 7-4　RBCOD 和总 COD 的回归分析

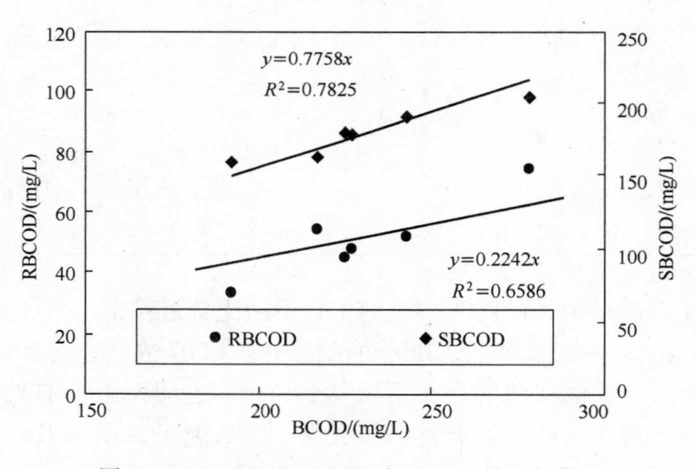

图 7-5　RBCOD 和 SBCOD 与 BCOD 的回归分析

本研究测试水样中 S_I 占总 COD 的 1.40%～4.28%，平均为 2.92%，而文献报道的数据为 2%～20%，平均为 8.45%，是本研究结果的 2～5 倍。这主要是由于这些文献都是采用对污水处理厂出水进行物理化学分析来近似得到进水的 S_I 浓度，忽略了活性污泥过程中溶解性惰性产物的产生，导致结果明显偏高。而本研究推荐的方法是直接对进水的滤液进行生物学分析获得其中的可生物降解 COD 组分，从滤液的总 COD 中除去这一部分来得到进水的 S_I。这种方法不存在溶解性惰性产物的干扰，更能真实反映原水的实际情况。

X_I 一般通过对总 COD 的平衡计算得到，所以其结果受到其他组分测试结果的影响。本研究得到的 RBCOD 和 S_I 在总 COD 中的比例低于文献报道的结果，因此，对应的 X_I 的比例高于文献报道结果，前者为 14.17%～36.31%，均值 22.43%，后者为 4%～70%，均值 17%左右。

在对比过程中发现，文献报道结果的差异非常大以至于简单的水质差异的说法不足以令人信服地解释这种现象，只能从测试方法的不同来说明问题。如刘芳等[19]得到的数据显示，曝沉水和初沉水中的 X_I 比例竟然高达 70%和 62%，总的不可生物降解 COD 占到 76%和 73%，而可生物降解 COD 组分仅占 14%和 17%，这与一般所认为的城市污水具有高的可生化性是矛盾的，这种水质的污水是很难用生物法得到有效处理的。合理的解释只能是文献［19］测得的 X_I 中包含大量的 X_H 组分。

7.1.2　其他污水处理厂进水 COD 表征

1. 污水处理厂概况

按照本书提出的废水 COD 组分表征方法体系，分别对重庆市另外 3 个污水处理厂 2 天 2 个进水水样 COD 进行表征，每次水样平行测试 3 组。这 3 个污水处理厂的情况介绍如下。

重庆市 B 污水处理厂坐落于嘉陵江畔，总投资 1.18 亿人民币，服务面积 14.4km^2，服务人口 12 万人。服务区域属于重庆市市区内发展较为缓慢的地区之一，一级干管已经敷设完成，但二级干管还没有完善，因此，部分工业废水也可能通过市政管网而进入污水处理厂。污水处理总规模近期 2 万 t/d，远期 4 万 t/d，目前污水处理量为 1.2 万 t/d。配套管网总长 31km，现已实施 10 余 km。污水处理厂全景图如图 7-6 所示，处理工艺流程如图 7-7 所示。

图 7-6　重庆市 B 污水处理厂

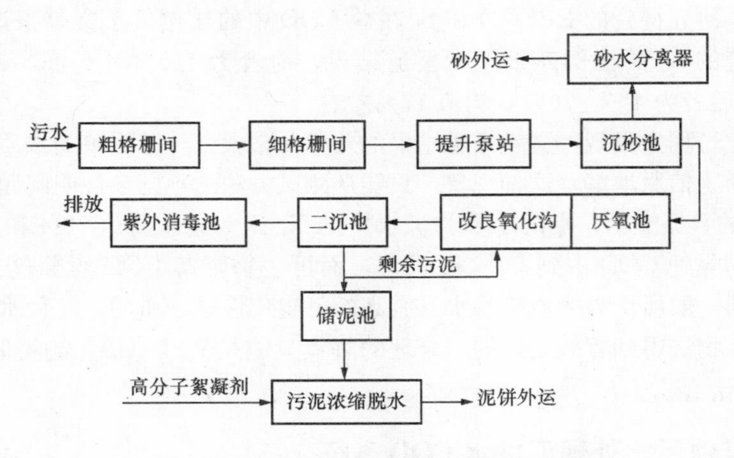

图 7-7　重庆市 B 污水处理厂工艺流程图

重庆市 C 污水处理厂坐落于长江旁，水厂近期占地面积 60 亩，远期占地面积 86.2 亩；近期处理规模（2010 年）5 万 m^3/d，远期处理规模（2020 年）10 万 m^3/d。规划服务面积为 27.7km^2，服务人口 20 多万人。污水处理工艺采用具有脱氮除磷的 CAST 工艺，污泥采用机械浓缩脱水一体化工艺。污水处理厂全景图如图 7-8 所示，处理工艺流程如图 7-9 所示。

图 7-8　重庆市 C 污水处理厂

重庆市 D 污水处理厂设计处理规模 4 万 t/d，实际处理规模 2 万 t/d。污水处理采用改良型 Carrousel 2000 氧化沟工艺，污泥处理采用浓缩＋机械脱水工艺。污水处理厂全景图如图 7-10 所示，处理工艺流程如图 7-11 所示。

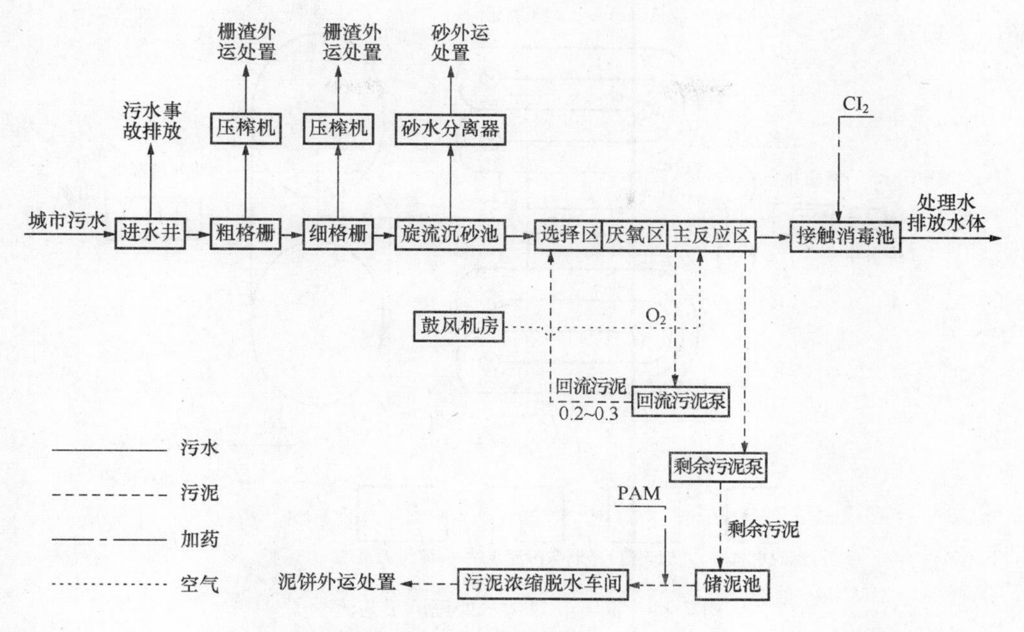

图 7-9　重庆市C污水处理厂工艺流程图

图 7-10　重庆市D污水处理厂

2. 进水COD组成

上述3个污水处理厂进水COD组分表征结果见表7-4。

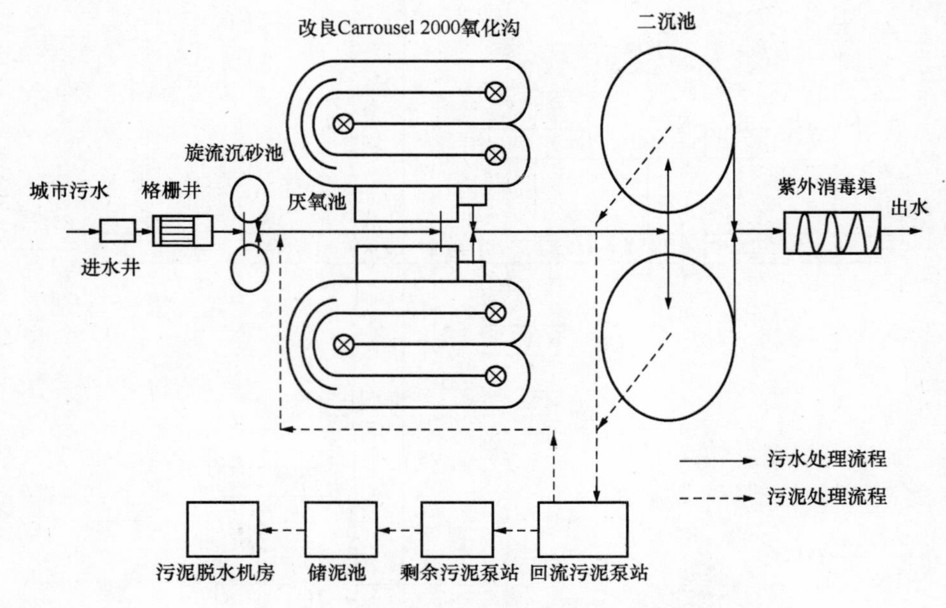

图 7-11 重庆市D污水处理厂工艺流程图

表 7-4 B、C、D污水处理厂进水COD组分测试结果

污水处理厂	水样	COD_{tot} /(mg/L)	RBCOD /(mg/L)	SBCOD /(mg/L)	S_A /(mg/L)	S_F /(mg/L)	S_I /(mg/L)	X_I /(mg/L)
B	1#	315	32 (11)	64 (20)	30 (10)	2 (1)	89 (28)	130 (41)
	2#	305	28 (9)	60 (20)	24 (8)	4 (1)	87 (29)	130 (42)
C	1#	271	45 (17)	98 (36)	39 (14)	6 (3)	38 (14)	90 (33)
	2#	313	52 (17)	106 (34)	45 (14)	7 (3)	43 (14)	112 (36)
D	1#	419	30 (7)	108 (26)	26 (6)	4 (1)	95 (23)	186 (44)
	2#	384	38 (10)	85 (22)	32 (8)	6 (2)	90 (23)	171 (45)

注：括号内的数值为占总COD的比例（%）。

根据表7-4可以看出，B污水处理厂原水中RBCOD占总COD的比例为10%左右，其中主要是发酵产物S_A，S_F所占比例极小；SBCOD所占比例则为20%左右。原水中的惰性物质所占比例较大，如惰性溶解性COD组分（S_I）占到总COD的28%～29%，惰性颗粒性COD组分（X_I）则占到31.2%～33.44%，甚至更高，由于可生物降解基质所占比例较小，直接导致该污水处理厂在运行过程中，特别是在生物除磷的过程中碳源不足，所以在除磷方面不得不考虑采用化学除磷的方法。

C污水处理厂进水水质中各组分的含量更接近生活污水的特性。RBCOD占总COD的17%左右，主要是S_A；SBCOD则占总COD的33%～36%。相比之下，惰性组分S_I及X_I所占比例明显小于B污水处理厂。

D污水处理厂进水COD组分中，可生物降解的RBCOD与SBCOD组分的含量与B污水处理厂类似，总的可生物降解COD比例较低，其中RBCOD占总COD的7%～10%，SBCOD所占比例为24%左右。不可生物降解S_I组分与X_I组分所占比例较高。

图7-12为B、C、D三个污水处理厂进水COD组分中各组分所占比例的平均值与文献报道的比较示意图，其中图（a）为本研究结果，图（b）为文献报道结果[1～3]。

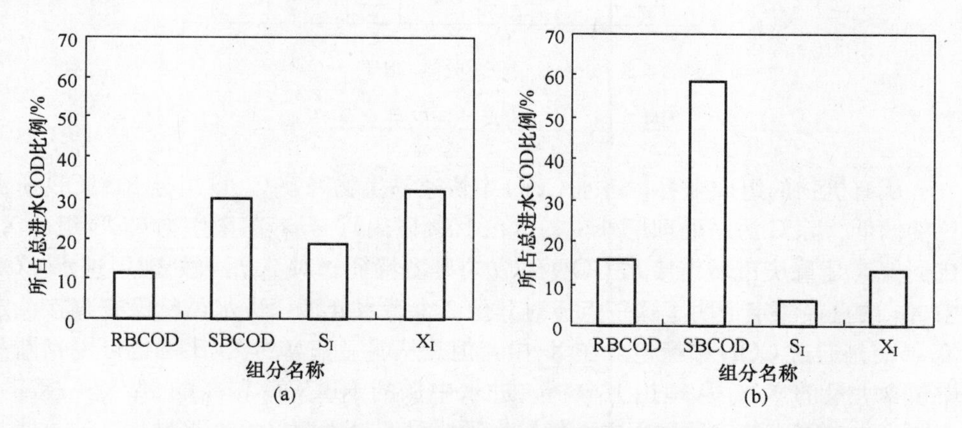

图7-12　本研究结果与文献报道中各种组分所占COD比例比较

从图7-12可以看出，与A污水处理厂进水类似，这3个污水处理厂进水COD中RBCOD为7.16%～16.61%，SBCOD为19.67%～36.16%，均低于国际水协给出的典型值。S_I组分为12.24%～28.52%，X_I组分为16.61%～45.31%，明显高于文献所给出的值。

7.1.3　重庆市4个污水处理厂进水COD综合比较

将A、B、C、D四个重庆市污水处理厂进水COD及其组成情况进行比较，结果分别如图7-13和图7-14所示。就总COD而言，修建于20世纪90年代的A污水处理厂进水总COD最高，最接近典型的生活废水。该污水处理厂是重庆市第一个污水处理厂，服务于城市生活片区，管网完善，废水基本是居民生活污水。其他3个污水处理厂均修建于近期，是因三峡工程影响而受到国家支持建设的工程。但是，与这些污水处理厂配套的管网工程建设滞后，雨污分流系统不完善，同时由于社会发展、居民用水量增大、用水结构变化，导致进水有机物浓度偏低。

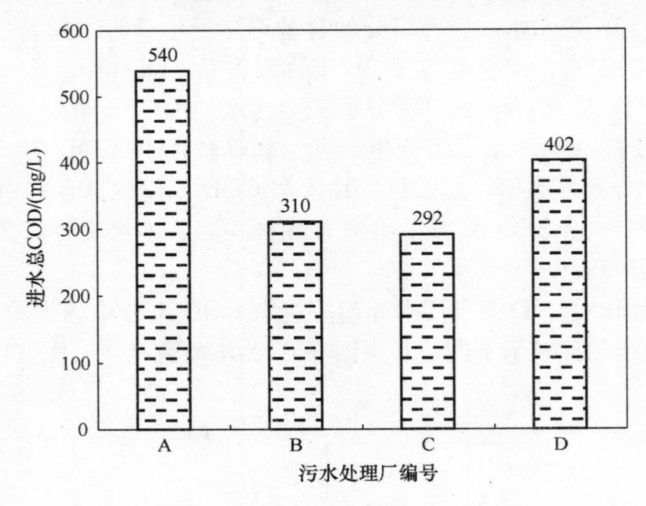

图7-13　4个污水处理厂进水总COD

从有机物的组成来看，进水COD中快速易生物降解COD组分RBCOD所占比例偏低（除C污水处理厂外，基本在10%以内）、异养菌微生物COD组分X_H比例偏高是重庆市城市废水COD组成的典型特征。对A污水处理厂进水COD中X_H的直接测定证明了这一点。对其他3个污水处理厂进水虽然没有直接测定X_H，而是通过COD平衡包含在X_I中，但是从明显偏高的X_I比例也可以判断其中包含大量的X_H。从理论上分析，进水中低的RBCOD和高的X_H是一致的，表明废水在管道的输送过程中可能发生了明显的异养菌好氧生长过程，这可能与重庆市排水管道中存在大量的重力管道有关。在RBCOD中，几乎全部是发酵产物挥发性脂肪酸，说明在废水输送过程中发酵反应进行得也比较完全。废水进入污水处理厂后有机物的降解主要受水解过程控制，在处理工艺上可能要对水解工艺加倍重视。

就进水可生物降解COD组分（RBCOD＋SBCOD）而言，A和C污水处理厂进水比较正常，达到40%以上。但是，B和D污水处理厂进水的可生化性明显不好，可生物降解COD仅占30%左右，明显低于正常的城市废水的可生化性。与这一特征直接对应的是，这两个污水处理厂进水中溶解性不可生物降解COD组分S_I的含量异常偏高，达到23%和28%，绝对浓度达到约90mg/L。这种水质组成特性不仅给这两个污水处理厂出水COD达标带来了很大困难，同时

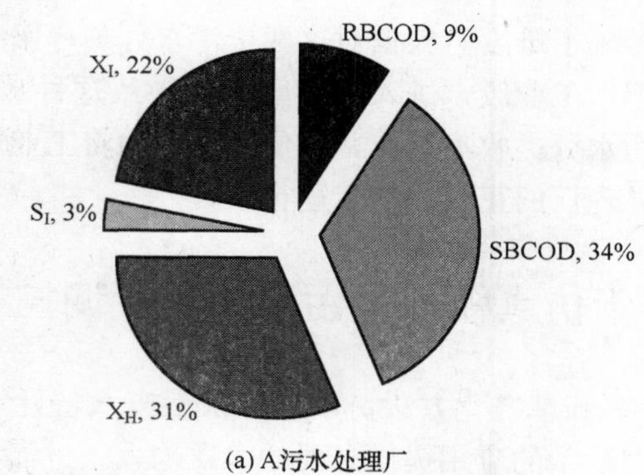

(a) A污水处理厂

(b) B污水处理厂

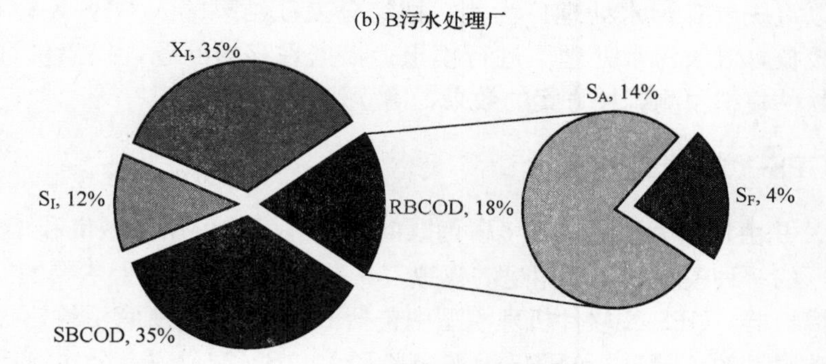

(c) C污水处理厂

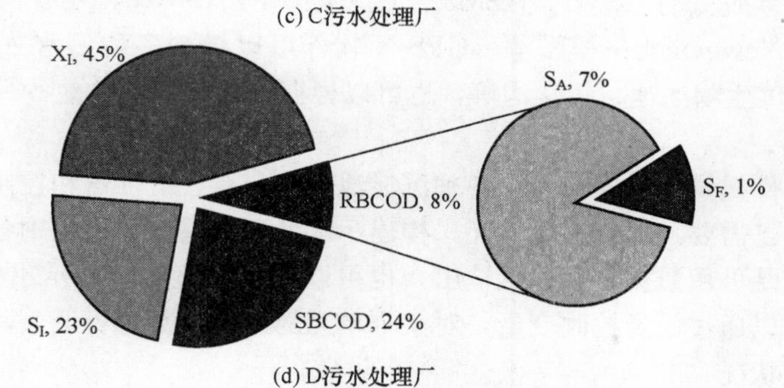

(d) D污水处理厂

图 7-14　4 个污水处理厂进水 COD 组成

也给氮和磷的达标带来了难度。根据对这两个污水处理厂服务范围内社会组成和管网情况的初步了解，工业废水进入污水管网是导致这种水质组成的可能原因。应该加快该地区的污水分类收集工作，以便能完全地将工业废水和生活污水分开处理，确保该污水处理厂的正常、达标运行。

7.2 基于仿真模拟的污水处理厂调控策略研究

废水COD组分表征基准化方法，不仅对认识废水特性有着重要的意义，更重要的是为活性污泥模型的应用提供必要的水质输入，进而将仿真模拟的工具和方法应用于废水处理工程的设计和运行管理。揭大林等[20]运用WEST仿真软件对某氧化沟工艺进行了模拟，结果表明，模拟值能较好地反映污水处理厂实际运行状况。蓝梅等[21]利用EFOR软件对ASM1参数进行了多因素灵敏度分析，发现各模型参数对不同出水指标的影响明显不同，识别出重要参数对仿真模拟很重要。Hu等[22]利用GPS-X模拟软件对某SBR污水处理厂进行了模拟，结果表明模拟技术是对采用传统方法设计的污水处理SBR工艺进行评价和优化的有效工具。

本节以重庆市C污水处理厂为例，把组分表征结果输入GPS-X模拟软件，经过参数校核，对该污水处理厂进行模拟；根据现存的问题，提出供选调控方案，通过软件模拟预测调控方案的效果，确立优化方案。

7.2.1 GPS-X模拟软件简介

GPS-X是由加拿大海曼迪环境咨询顾问公司开发的可用于城市和工业（废）污水处理厂的一种模块化、多用途的模拟工具，也是当今世界上主要的（废）污水处理厂模拟器。GPS-X软件机理模型中包括IWA推出的所有活性污泥数学模型，如除碳脱氮的ASM1、ASM3及脱氮除磷的ASM2d，还有公司自己开发的Mantis、Newgenerate模型等。GPS-X软件可以模拟多种污水处理工艺，包括SBR、曝气生物滤池、氧化沟等，也可以根据设计者需要建立各种处理工艺并进行模拟。

该软件提供反应器单元、各种沉淀池、分离器、汇合器和控制箱等，用户可以根据自己需要，选择操作单元，构建污水处理厂模型。流程中各单元的水质变化过程，既可用数据文件格式输出，也可以用图表直观地显示出整个变化过程；同时，可以通过设置控制变量，对某个单元的运行参数进行调节，分析污水处理厂的处理状况。

GPS-X采用先进的图形用户界面以方便用户进行动态模拟和建立模型。通过采用工艺模型、模拟技术、图形学和许多提高模拟速度的方法，简化了模型创建、模拟和对结果的诠释，达到了世界先进水平。在应用功能上，除了可对污水处理厂进行实时模拟外，还可以通过灵敏度分析等方法进行污水处理厂的实验分析，研究敏感性关键参数；同时软件还具有优化功能，GPS-X优化程序自动地将构建模型的预测结果与实际数据进行拟合，进而实现对各参数的优化控制。

作为污水处理工艺模拟软件的先驱，经过多年不断的修正和扩充后，GPS-X不但包括了其他各种软件的大部分功能，而且形成了自己的特点：①实现污水处理过程的稳态模拟和动态模拟，并能进行在线自动实时监控；②具有敏感性分析模块和模型校正及参数估值优化模块，能在稳态和动态情况下运行；③用户可对系统内置的模型进行更改和编辑，并能自定义添加描述工艺过程的模型；④能帮助进行污水处理过程的设计、改进及优化，并向员工提供污水处理厂运行决策的培训；⑤读取并利用实际污水处理厂的数据作为模拟输入，或者将其与模拟输出结果对比；⑥对工艺过程实行自动检查、警告和自动校正、传感器探错、过程检错及预测等功能；⑦可与SCADA系统连接，也可与PID控制连接。

7.2.2 工艺流程与运行参数

C污水处理厂采用具有脱氮除磷功效的CAST工艺，污泥采用机械浓缩脱水一体化工艺，工艺流程如图7-9所示。

1. 系统概况

通常进水瞬时流量为1200～1800m^3/h，雨季达到2000m^3/h以上，夜间水量较小，约为600m^3/h。进水先到厌氧区，厌氧区为椭圆形，中间设置一栏板形成环形栏道，通过推流器使水流循环，厌氧区与主反应区邻墙底部有一排10个通口保持连通，进水从厌氧区流入主反应区。主反应池闲置水位约3.4m，进水完成水位是4.85m，正常情况进水时间60min。进水阶段保持向生物选择池回流混合液，即回流时间正常也为60min，回流速率210m^3/h，回流比与进水速率有关，为10%～20%。进水完成后开始曝气，正常曝气阶段曝气阀开启度为25%～30%，可根据好氧区DO进行实时调节，曝气阶段控制DO为2.5～4.0mg/L，正常情况下进水加曝气一共3h。一般情况下单台风机供1～2个好氧池曝气。沉淀阶段排剩余污泥，程序控制间断性排泥3次，每次5min，污泥泵速率110m^3/h，排泥口设在主反应区中端墙边，跟回流管相对（不在同一侧）。8个反应池顺序进水，单个池实际反应周期为5h（进水约1h，曝气约2h，沉淀约1h，排水约1h）。

2. 生物选择池

生物选择池的选择性理论是依据对丝状菌和絮状菌的动力学分析，使选择器内的生态环境有利于选择性地发展菌胶团细菌，应用生物竞争机制抑制丝状菌的过度生长和繁殖，从而控制污泥膨胀。CAST的选择器一般为缺氧选择器，整个过程都遵循生物积累-再生规律，即生物经历高负荷和低负荷下的反应阶段，在主反应器中发生微生物的增殖，并以间歇脉冲的形式连续补给到生物选择器中。此外，由于选择器的缺氧环境而且回流污泥混合液中通常含有硝态氮，在此环境下的反硝化细菌可以利用原水中的有机碳源作为电子供体进行缺氧呼吸，实现反硝化。

对生物选择池进行测试，DO平均浓度为2.04mg/L（最低0.81mg/L，最高4.17mg/L），pH平均为6.26（最低6.21，最高6.33），硝酸盐氮浓度平均为1.7mg/L。要使生物选择池达到良好的脱氮效果，要求其处于缺氧环境，从实测数据中可以看出生物选择池并不总是具备缺氧条件。进水的跌落作用可能对选择池带来复氧效果。

3. 主反应池运行效果

C污水处理厂有2座CSAT工艺共8个SBR反应器，8个反应器的出水水质见表7-5。8个反应池的4个主要出水指标都达到了排放标准，其中COD与TP处理效果好，但TN有超标危险。通过归一化方法计算得出7＃反应池综合得分最高，出水效果最好，1＃反应池最差。选取1＃和7＃反应池作进一步测试。

表7-5　8组反应器出水　　（单位：mg/L）

指标	COD	TN	氨氮	硝酸盐	TP
1＃ SBR	28.29	18.25	7.78	8.13	0.13
2＃ SBR	29.41	13.97	5.48	6.77	0.15
3＃ SBR	23.95	15.14	1.23	9.27	0.18
4＃ SBR	26.13	16.07	6.95	6.43	0.16
5＃ SBR	25.64	12.96	4.27	8.47	0.16
6＃ SBR	23.60	13.50	0.25	8.10	0.11
7＃ SBR	20.24	11.77	0.33	7.97	0.09
8＃ SBR	19.91	14.01	0.17	9.50	0.18

由于实际运行中对TP的去除采用投加铁盐的化学除磷方式，TP出水一般在0.3mg/L以内，除磷效果明显。因此，重点考察氮的去除。1＃和7＃SBR反应池中含氮组分变化如图7-15～图7-18所示。1＃反应池进水TN＝46.6mg/L，7＃反应池进水TN＝52.8mg/L，1＃处理出水TN＝16.1mg/L，7＃处理出水TN＝12.6mg/L。在进水TN超出设计值的情况下，两个反应池处理出水都达到了设计时提出的排放标准，7＃的TN处理效果高于1＃池。

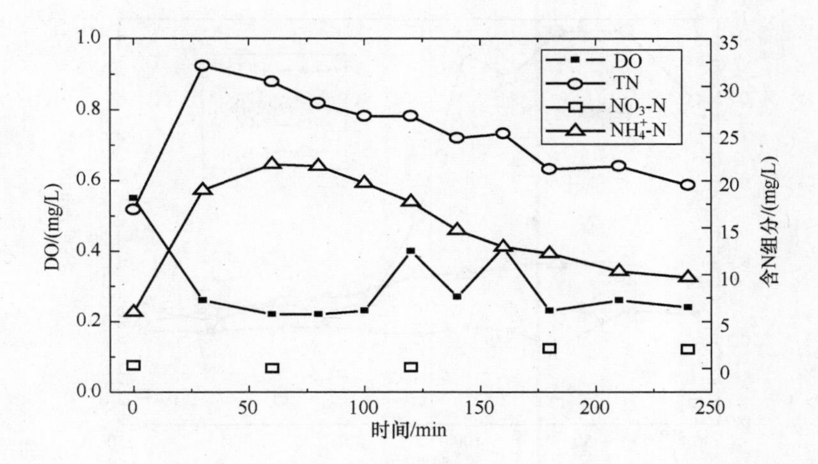

图 7-15 1#厌氧池含N组分与DO变化规律

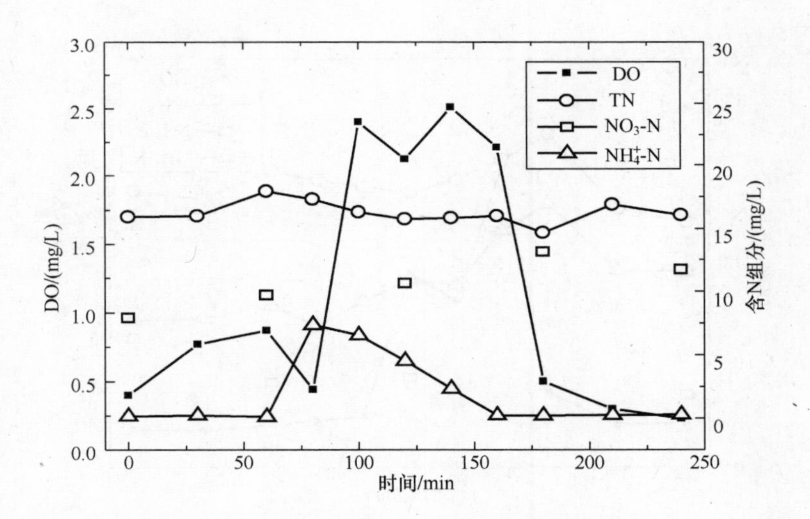

图 7-16 1#好氧池含N组分与DO变化规律

从进水0时刻到60min进水完成，各个反应池TN都是逐渐上升。约30min厌氧区水质浓度达到最大，好氧区要在进水完成即60min时刻水质浓度达到最大。进水到达1#和7#厌氧区TN浓度最大值分别为32.1mg/L和45.6mg/L，1#和7#厌氧区反应周期结束后TN浓度分别为19.5mg/L和11.7mg/L(图7-15和图7-17)，由此可计算得出1#和7#厌氧区TN去除率分别为39.2%和74.4%，7#厌氧区TN去除效果高于1#。

1#好氧区好氧阶段历时比7#好氧区长，同时前者DO水平也高于后者。

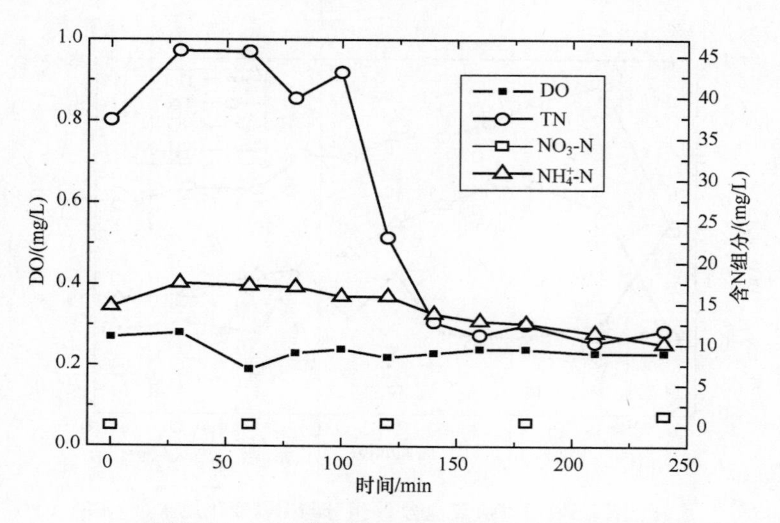

图 7-17　7#厌氧池含N组分与DO变化规律

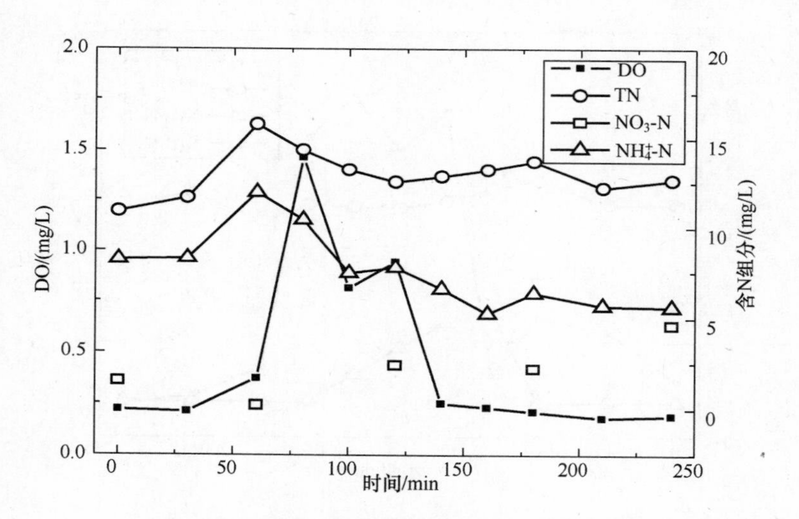

图 7-18　7#好氧池含N组分与DO变化规律

1#和7#好氧区进水TN最大浓度分别为17.9mg/L和15.8mg/L，都低于厌氧池最大浓度，一方面由于大量余水的稀释作用，另一方面因为进水过程中好氧区没有曝气，缺氧状态给好氧区提供了反硝化脱氮环境，所以存在一定的反硝化脱氮作用。根据出水TN可以算出1#和7#好氧区对TN的去除率分别为10.4%和20.0%，7#好氧区TN去除效果高于1#。

厌氧条件要求DO<0.2mg/L，1#和7#厌氧区DO都为0.2～0.3mg/L，基本符合厌氧条件，并且7#厌氧区DO更低。好氧条件要求DO>2mg/L，1#

池曝气阶段好氧程度好于7＃池（7＃池DO＜2mg/L）。1＃主反应区（好氧区）出水氨氮和硝酸盐氮浓度分别为0.3mg/L和11.7mg/L，7＃主反应区（好氧区）出水氨氮和硝酸盐氮浓度分别为5.9mg/L和4.6mg/L。两个反应池出水氨氮都达标，7＃主反应池由于DO较低，出水氨氮浓度较高，说明氨氮氧化不完全。但是1＃池由于氧化氨氮完全导致出水硝酸盐氮浓度很高，对出水TN贡献很大，说明反硝化进行不够，导致生物脱氮效率较低。综合对比1＃和7＃反应池，可以得出结论，在不影响COD和氨氮出水效果的前提下，适当减少曝气，甚至使主反应池形成缺氧环境，有利于TN的去除，提高出水整体效果。

厌氧区的TN去除效率高于好氧区的TN去除效率，这是因为厌氧池一直处于缺氧环境，有利于反硝化脱氮，从而使水体中的含氮组分以氮气的形式释放出去，减少了体系中的TN。

1＃与7＃反应池的污泥性质指标见表7-6。两个反应器好氧区的MLSS都在7000mg/L左右，出水效果都比较好，可以认为控制曝气池MLSS为7000mg/L有利于处理工艺运行。7＃反应器的MLSS高于1＃，但有效成分即MLVSS相差不大，因为7＃的MLVSS/MLSS比1＃低约5个百分点，所以对于类似7＃的反应器应适当保持较高的污泥浓度。利用呼吸测量技术对1＃和7＃主反应池活性微生物成分含量进行测量。1＃主反应池自养菌和异养菌浓度分别为131mgCOD/L和362mgCOD/L，7＃主反应池自养菌和异养菌浓度分别为456mgCOD/L和210mgCOD/L。高DO有利于异养菌生存，低DO有利于自养菌生存，自养菌多有利于生物脱氮，异养菌多有利于COD降解。7＃主反应池自养菌明显较多，有利于生物脱氮，因此TN去除效果较好。

表7-6　反应池污泥基本性质

指标	1＃		7＃	
	厌氧区	好氧区	厌氧区	好氧区
MLSS	4778	6448	5092	7456
MLVSS	1752	2394	1598	2392
MLVSS/MLSS	0.37	0.37	0.31	0.32

7.2.3　工艺模型的建立

模型是真实系统最大程度的近似反映。在许多情况下很难完全做到模型与实际工艺的一致性，需要在一定条件下对实际情况作必要的简化，建模人员需要尽量寻求模型复杂程度与预测能力之间的平衡，添加新的反应项增大模型的复杂程度，可能会提高精度和预测的能力，但是同时对于理解模型的结构就增加了困难，并且需要更多的数据，还会降低模拟运算速度。去除或者简化反应项可以减少这些问题的影响，但是可能导致错误的预测。没有哪个模型能够解释所有条件下各级系统的特性，所以为某一特定目的而选择模型时，灵活性非常重要。建模人员需要使所建模型的运行状况与实际情况尽可能相同，以减少因不必要的取舍或简化带来的系统误差，但有时也会因过分追求与实际情况的相似性而使模型庞大复杂化，虽然有利于提高模拟精度，但会导致模拟效率过低而不利于模拟的有效进行。因此，模型的有效简化是建模中值得注意的一个问题，在保证与实际情况的吻合度的同时作出必要的取舍和简化，能够提高模拟精度和效率。

为了使模型能够很好地模拟污水处理厂的运行，在建立C污水处理厂全程化工艺的模拟过程中，对模型作适当的假设及简化：

（1）pH恒定且为中性，系统运行温度恒定在25℃；

（2）不考虑进水中各组分的构成变化，以实测数据作为进水组分的输入；

（3）模型中没有考虑N、P和其他无机物对有机物质去除及细胞成长的限制，并认为进出水水量守恒；

（4）模型中忽略粗细格栅、旋流式沉砂池、接触消毒池、剩余污泥浓缩池等构筑物对污水生物处理系统运行的影响，重点考察生物选择池和生化反应池的除碳和脱氮除磷效果。

在建模过程中考虑到软件中提供的SBR反应单元是独立的。C污水处理厂采用CAST工艺，其中的SBR反应池分为厌氧区与主反应区，厌氧区所占体积单元较小为13%，与主反应区通过底部通口与主反应区保持连通，进水先经过厌氧区到达主反应区，两者水位随时一致，主要差别是在主反应区处于曝气阶段时，厌氧区处于搅拌状态。当1个处理周期结束后，处理出水从远离厌氧区的主反应区末端通过旋转式滗水器排除。因此对于厌氧区与好氧区的建模有以下三种方案：

（1）将厌氧池独立。污水流经生物选择区后通过分流器连接4个高级序批式SBR工艺单元作为厌氧池，后面再分别连接4个SBR工艺单元作为主反应池。生物选择池不曝气，4个SBR反应池的循环周期设置相同，打开最小水位控制器，依据最小水位分别设置两池的最小滗水体积，这样就可以保证厌氧池与主反应池保持连通且水位相平。在实际运行中，厌氧池不曝气，底部的推流器的搅拌作用使泥水混合均匀，保持厌氧池中较低浓度的溶解氧，以高级批序式SBR反应池代替的厌氧池能够准确地控制各个阶段的溶解氧。依据进出水水量守恒对各个进出水口进行流量控制，这样在流量上也可以与实际运行状况相吻合，同时也能模拟各个工艺单元的生物处理过程。但在使用这一建模方案进行模拟的过程中，发现模拟效率较低，进行一次20d的稳态模拟耗时近1h。图7-19给出了此方案的工艺流程模型。

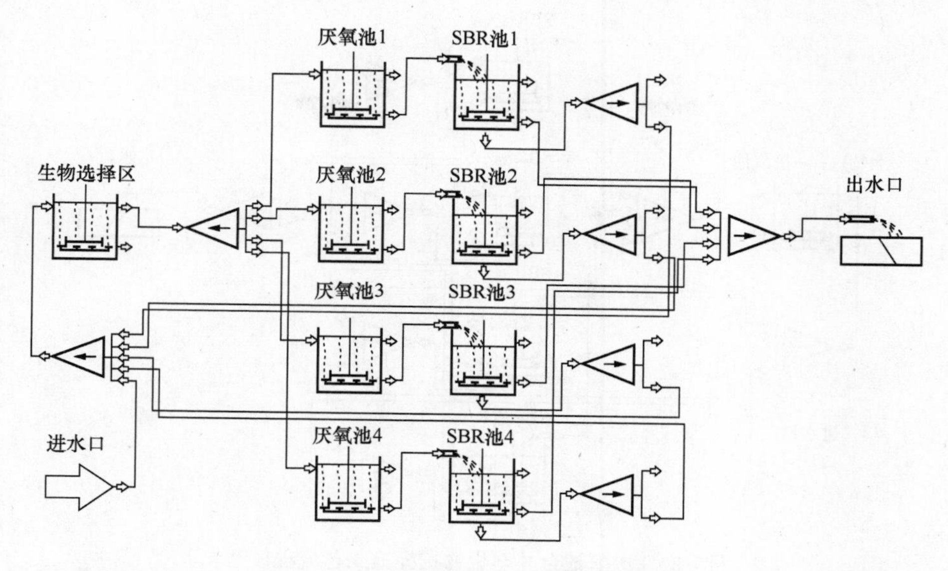

图 7-19　独立厌氧池的工艺流程模型

（2）厌氧池合并至生物选择池。将厌氧区合并至生物选择池，增大生物选择池体积，污水流经生物选择池后通过分流器分别与 4 个 SBR 反应池相连，经过 SBR 反应池处理后排出。这一方案的工艺流程模型如图 7-20 所示。C 污水处理厂设计生物选择池占单格总容积 5%，厌氧区占 13%，SBR 主反应区占 82%。考虑到实际运行中厌氧池的水力停留时间很短且没有曝气装置，并认为厌氧池内溶解氧为 0，基本与生物选择池处于相同的状态。生物选择池的全部混合液流至 SBR 反应池经过充水、曝气、沉淀后排水，污水在 SBR 好氧阶段进行硝化作用，回流至生物选择池的混合液中的硝酸盐也可以进行一定的反硝化，达到脱氮的目的。但是，若是将厌氧池合并至生物选择池，生物选择池的体积和水力停留时间将增加，使得水力停留时间分布与工程实际情况差异比较大，并导致不能模拟厌氧池的排水。

（3）厌氧池合并至 SBR 主反应池。污水流经过生物选择池后通过分流器分别与 4 个 SBR 主反应池相连，该方案工艺流程模型如图 7-21 所示。此方案将厌氧池和主反应池设计成为一体，以一个 SBR 反应器表示，所以这里的 SBR 池相对于前两种方案的体积有所增加，增加了厌氧部分的体积。厌氧区与好氧区的反应周期一致，同时进水、反应、沉淀、排水，差别在于反应阶段厌氧池不曝气，考虑到厌氧池体积相对很小，水力停留时间也很小，忽略这两个池之间的细小差别，将之合为一体，使模型更为简明，反应过程更加清晰。

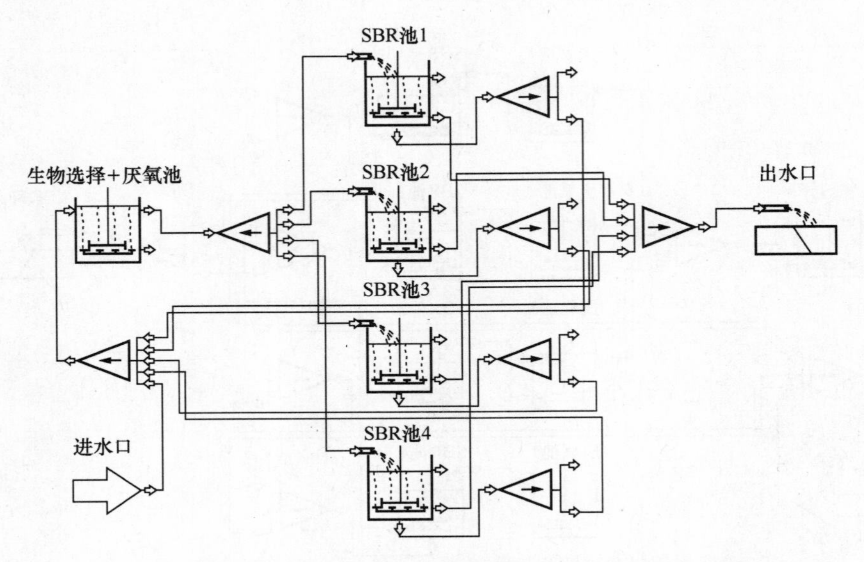

图 7-20　厌氧池合并至生物选择池工艺流程模型

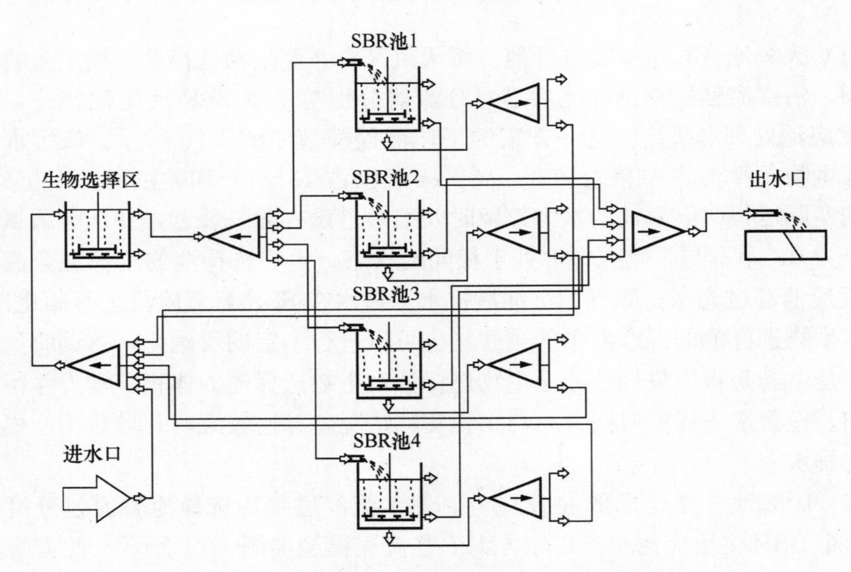

图 7-21　厌氧池合并至主反应池工艺流程模型

7.2.4　模型库选择与参数校核

GPS-X提供了包括许多先进模型的模型库，从而提供了选择模型时必要的灵活性，表7-7列出了这些模型库。

表 7-7　GPS-X 中的模型库

模型库名称	状态变量数	模型库名称	状态变量数
碳-氮（CN）	16	碳-氮工业污染物（CNIP）	46
碳-氮-磷（CNPlib）	27	碳-氮-硫工业污染物（CNPIP）	57
复杂碳-氮（CN2）	19	复杂工业污染物（CN2IP）	49

本次模拟所关注的主要是碳氮及总磷的去除，根据模拟的实际需要选择 CNPlib 模型库中的 ASM2d；选择了一个特定的模型库之后也就确定了适用这个模型库中的整套状态变量。这个模型库中共有 27 个状态变量，涉及的组分较多，有的变量不能由常规水质指标直接表示，需要确定常规检测数据与模型参数的转换条件。考虑到污水处理过程中的除碳、脱氮、除磷需要测定进水中 COD、氮、磷的组分构成，包括溶解性和非溶解性、惰性和非惰性物质各自的含量，根据前面对进水特征研究的结果设置所需模型参数的转换条件。图 7-22 给出了 CNPlib 下的 ASM2d 的输出状态变量。

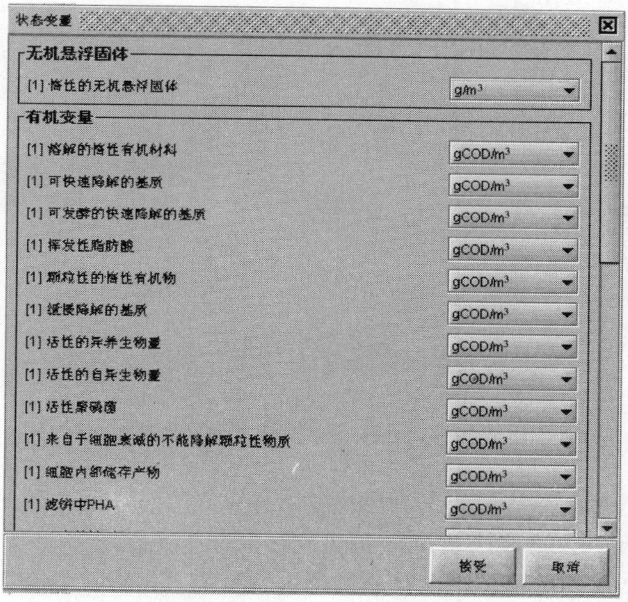

图 7-22　CNPlib 中输出状态变量表

按照第三种建模设计方案建立好模拟工艺流程图之后，需要对工艺单元进行参数设置，使之符合实际工艺情况，包括物理参数、化学计量学参数和反应动力学参数。在工艺流程图中的进水部分可以对进水组分特征进行设置，在分流器内设置污水流或者污泥流，在各个反应单元对其运行特征和控制方式进行设置。

图 7-23和图 7-24 所示为废水组分化学计量学参数的设置窗口和反应单元的输入变量设置窗口。

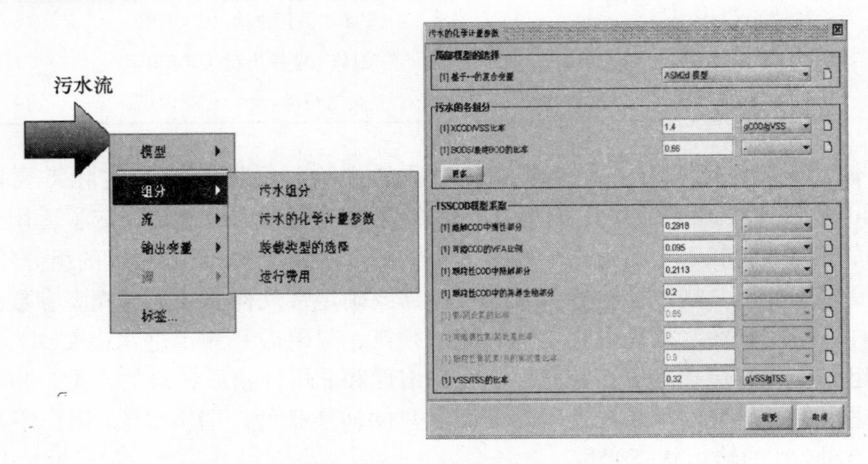

图 7-23　污水组分化学计量学参数设置窗口

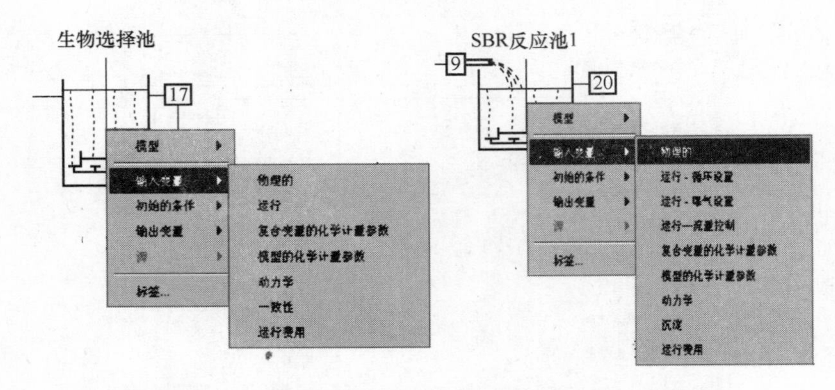

图 7-24　生物选择池和 SBR 反应池输入变量设置窗口

物理参数包括工艺构筑物的物理尺寸、各单元的污水流量、主反应区的曝气量、污泥回流和剩余排放以及运行周期控制，这些变量属于模型的外部输入数据，按照前面对工艺实际状况的调查结果进行设置。化学计量学参数和动力学参数是模型的待定参数，部分参数可通过实验分析获得。Hydromantis 公司在 GPS-X 中开发了基于 Microsoft Excel 的适用工具：污水特征化顾问。污水特征化顾问展示了所选模型的应用条件及所有状态变量和复合变量的典型值，如图 7-25所示。建立 C 污水处理厂工艺模型选择的模型库为 CNPlib，生物模型为 ASM2d，污水输入模型为 TSSCOD，这些设定之后可以在污水特征化顾问中找到需要设置和校核的主要参数。

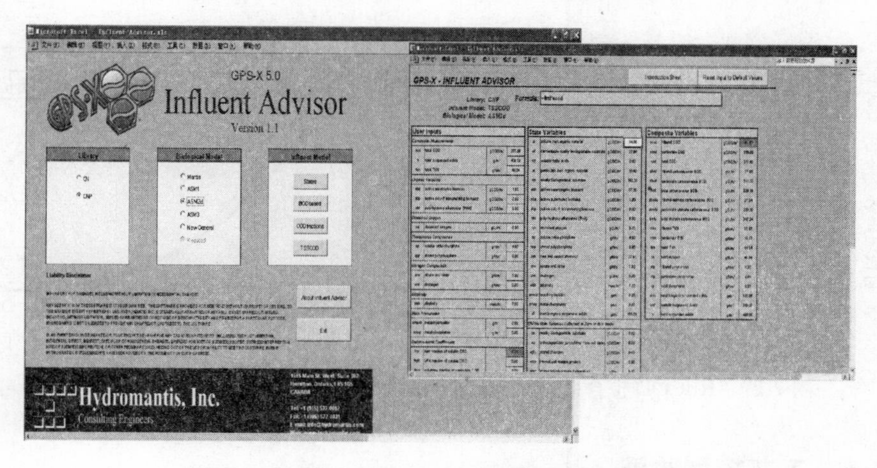

图 7-25　C 污水处理厂工艺模型污水特征化顾问

大部分反应动力学参数可以采用默认值，一些随实际情况变化较大的参数需要校核。以实测进水 COD 组分为初始条件，利用 GPS-X 软件自身的优化校核功能，采用最大似然法对 RBCOD 和 SBCOD 好氧降解过程的异养菌最大比生长速率 μ_h、快速易生物降解基质半饱和系数 K_s、水解速率常数 k_h、慢速可降解基质半饱和系数 K_x 进行校核（图 7-26～图 7-28），得出 μ_h、K_s、k_h 和 K_x 的最适值：$\mu_h=4.36\text{d}^{-1}$，$K_s=1.6\text{gCOD/m}^3$，$k_h=2.01\text{d}^{-1}$，$K_x=0.01\text{gCOD/m}^3$。在 ASM2 中，μ_h、K_s、k_h、K_x 的默认值分别为 6.0d^{-1}、20gCOD/m^3、3d^{-1} 和 0.1gCOD/m^3，可见两个半饱和系数 K_s、K_x 与校核值相差较大。因此在模拟实际废水降解过程时，需要进行实时校核，以便获得更准确的模拟结果。

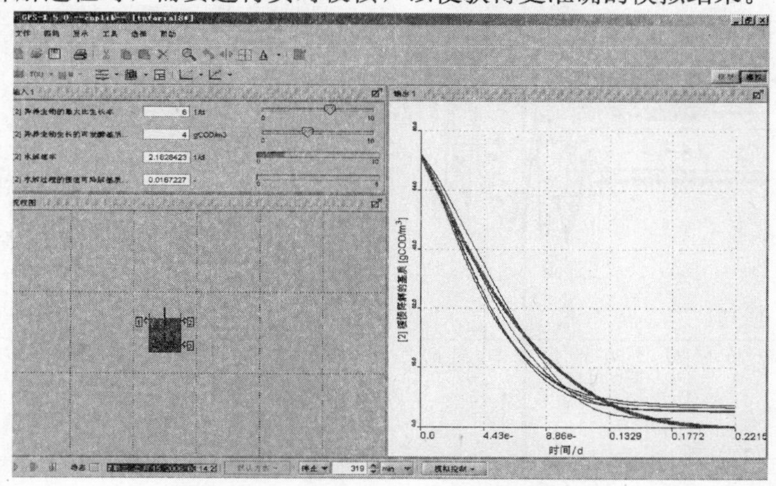

图 7-26　应用 GPS-X 软件进行参数校核

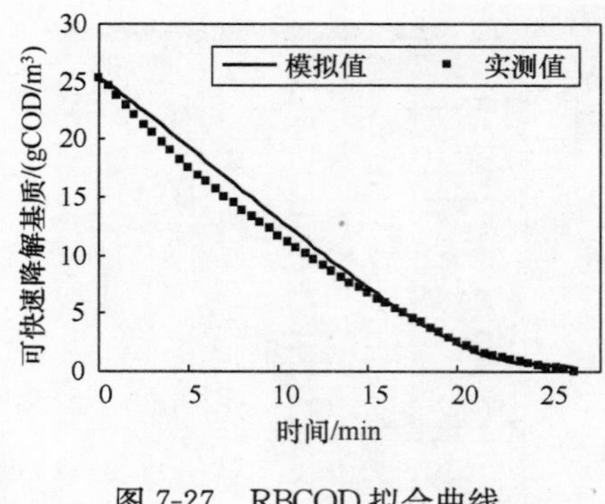

图 7-27　RBCOD 拟合曲线

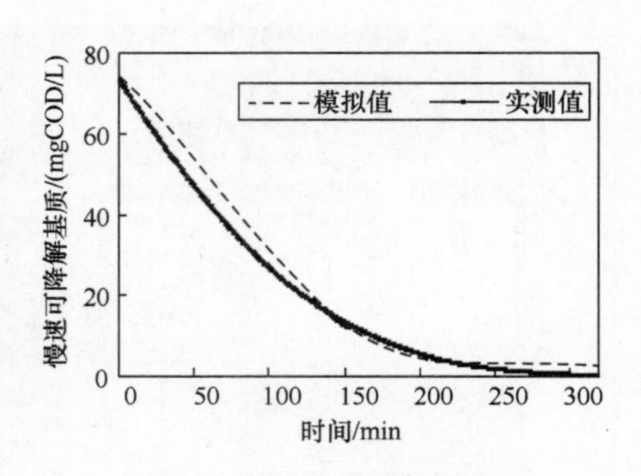

图 7-28　SBCOD 拟合曲线

7.2.5　工艺模型验证

在获得校核参数值后，同时采用 ASMs 中 COD 组分典型值和按照 COD 表征方法得到的实测 COD 组分对污水处理厂污水处理工艺进行模拟，结果如图 7-29所示。采用 COD 组分模型默认值模拟所获得的出水 COD 和 NH_4^+-N 高于实测值，最大误差达 114%，最小误差为 0.36%，平均误差均达 20%左右。采用实测进水 COD 组分模拟所获得的出水 COD 和 NH_4^+-N 与实测值的平均误差分别为 10%和 2%左右。TN 的两种模拟结果的趋势也是如此，采用实测 COD 组分值进行模拟时的模拟误差能保持在 10%以内，最低达到 0.09%，远远小于采用模型默认值时的模拟误差 4.5%～78%。

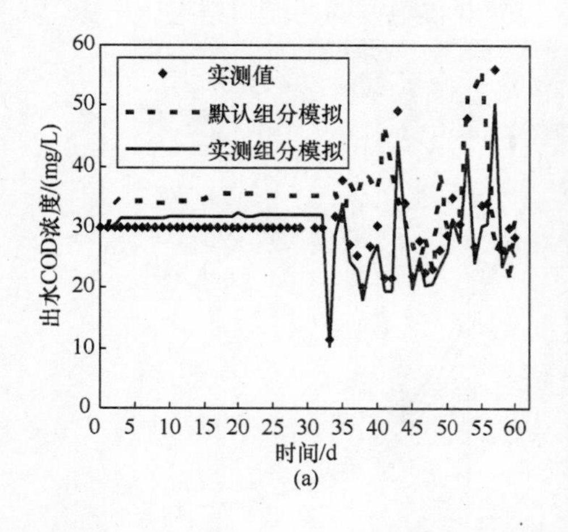

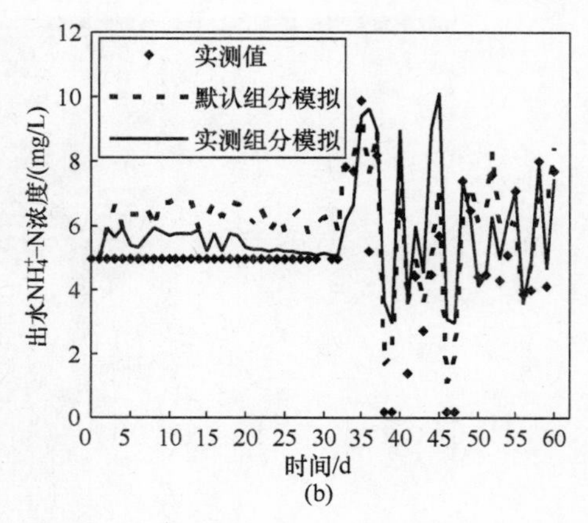

图 7-29　出水模拟值与实测值比较

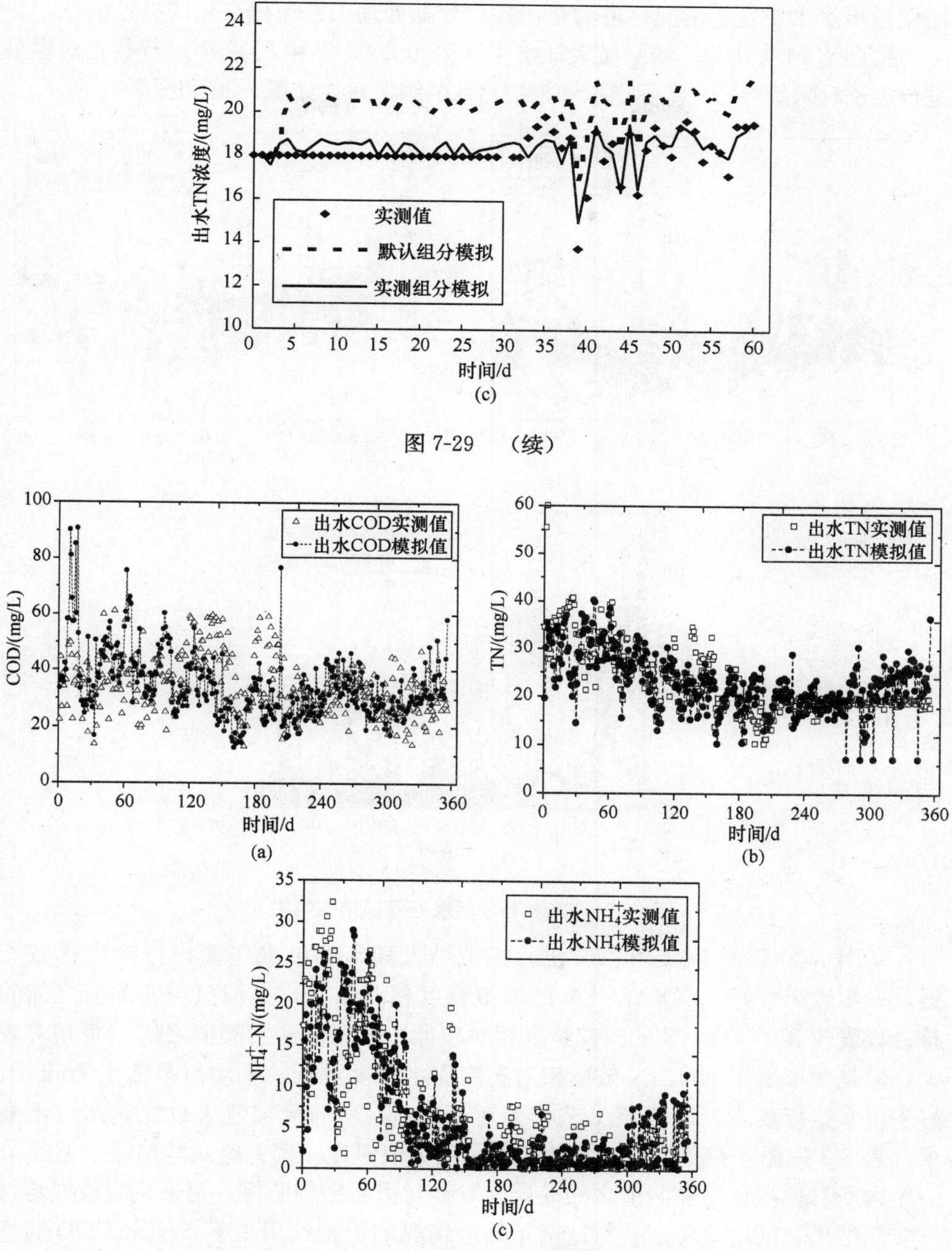

图 7-29　（续）

图 7-30　2008 年 C 污水处理厂模拟结果

由此可以看出，采用本书所提出的废水 COD 组分表征基准化方法对污水处理厂 COD 组分进行测试所得的结果能结合 GPS-X 模拟软件，从而更好、更真实地模拟出水水质变化情况，进而获得各组分随处理工艺流程变化的有效信息。

按照C污水处理厂的水质表征结果，采用2008年和2009年运行数据对模型进行更长时间的验证，实际出水和模拟出水的结果对比如图7-30和图7-31所示。

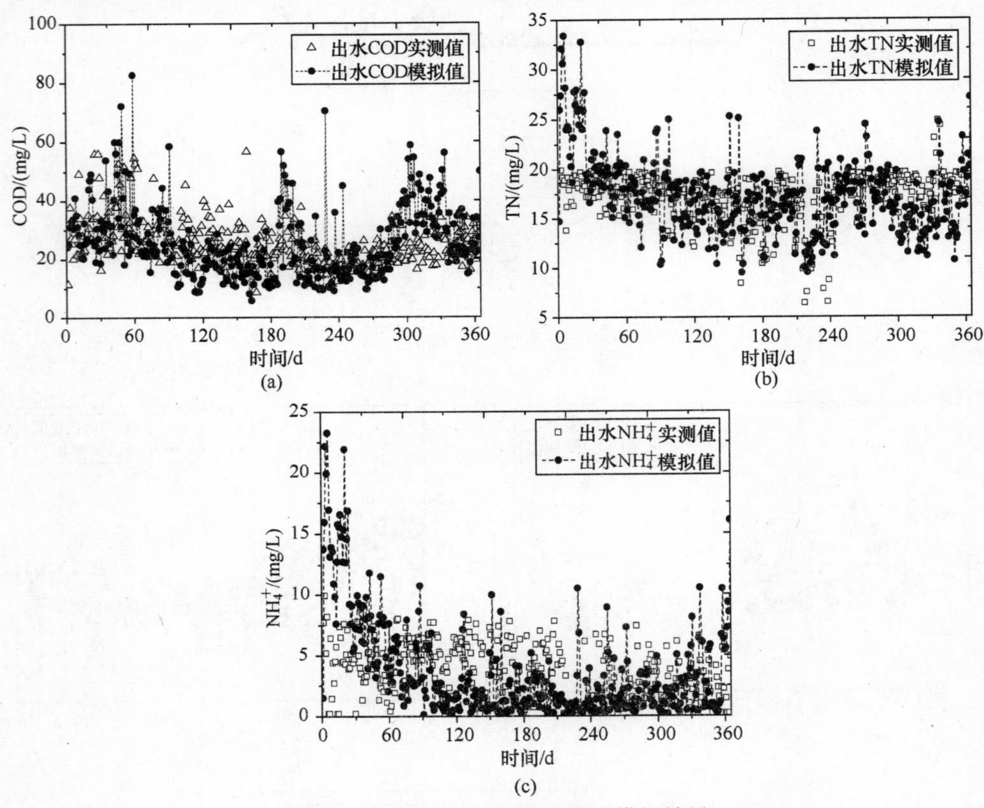

图7-31　2009年C污水处理厂模拟结果

从图7-30和图7-31可以看出，模拟结果和实测出水主要指标浓度比较相近，模拟效果较好。COD和TN的模拟精度相对较高，模拟值与实测值之间的符合程度较高；NH_4^+-N的模拟精度相对较低，模拟值和实测值之间差距相对较大，但是模拟出水NH_4^+-N浓度相对实测出水浓度更低，平均值都低于7mg/L，好于出水达标要求，所以该工艺模型对于NH_4^+-N的模拟效果也能达到应用要求。表7-8列出了模拟结果和实测值之间的数值对比。误差绝对均值表示某组分一年内所有模拟值与实测值之间的误差取绝对值后平均所得，用来说明模拟结果与实测结果之间的差距。从对这两年处理情况的模拟结果来看，出水COD的绝对误差均小于10mg/L，TN的绝对误差均小于5mg/L，NH_4^+-N的绝对误差均小于3.5mg/L。可见各指标的模拟均值和实测均值之间差别很小，说明该工艺模型的准确度较高，能达到对C污水处理厂的模拟应用要求。

表 7-8　模拟结果与实测值的对比　　（单位：mg/L）

指　标	COD		TN		NH_4^+-N	
年份	2008	2009	2008	2009	2008	2009
实测均值	34.44	25.32	22.95	17.20	6.18	3.49
模拟均值	34.54	25.39	22.89	17.20	6.09	3.66
绝对误差均值	9.67	9.93	4.49	3.18	3.47	3.11

7.2.6　工艺运行优化调控策略

1. 进水文件与调控策略

根据进水水质水量波动和系统处理效率变化，采取灵活的运行控制策略，提高系统脱氮除磷效率，同时降低污水处理运行成本（降低曝气耗能和剩余污泥排放量等），实现节能降耗。首先预测 C 污水处理厂 2010 年进水和出水水质变化（图 7-32 和图 7-33），其中春季进水数据为实测，其他由进水模型预测获得[23]，然后提出调控策略。

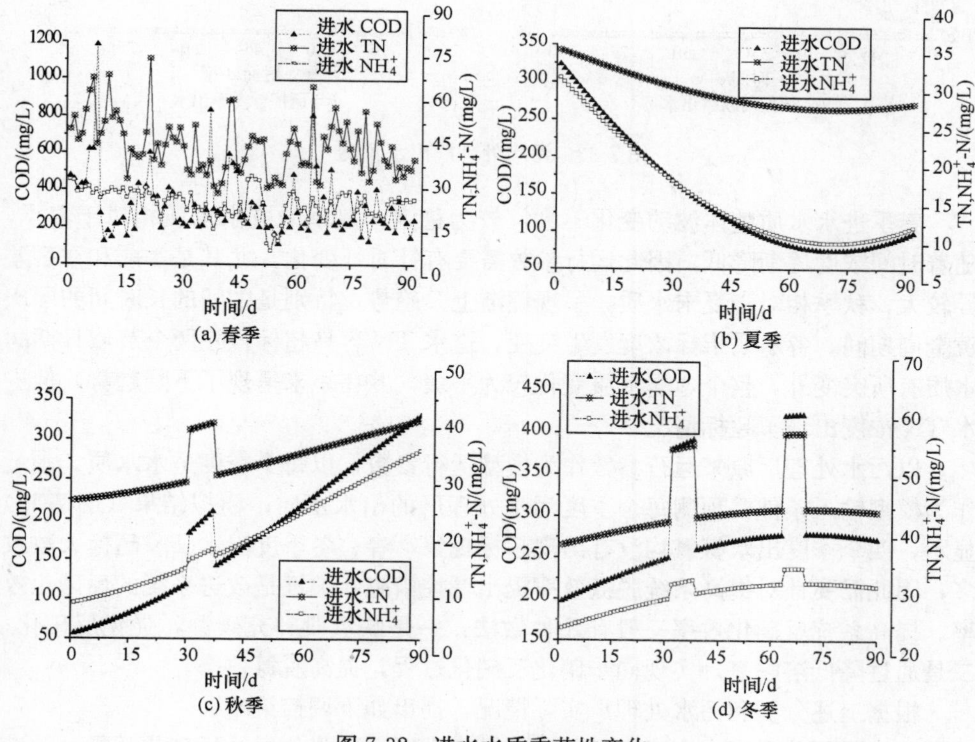

图 7-32　进水水质季节性变化

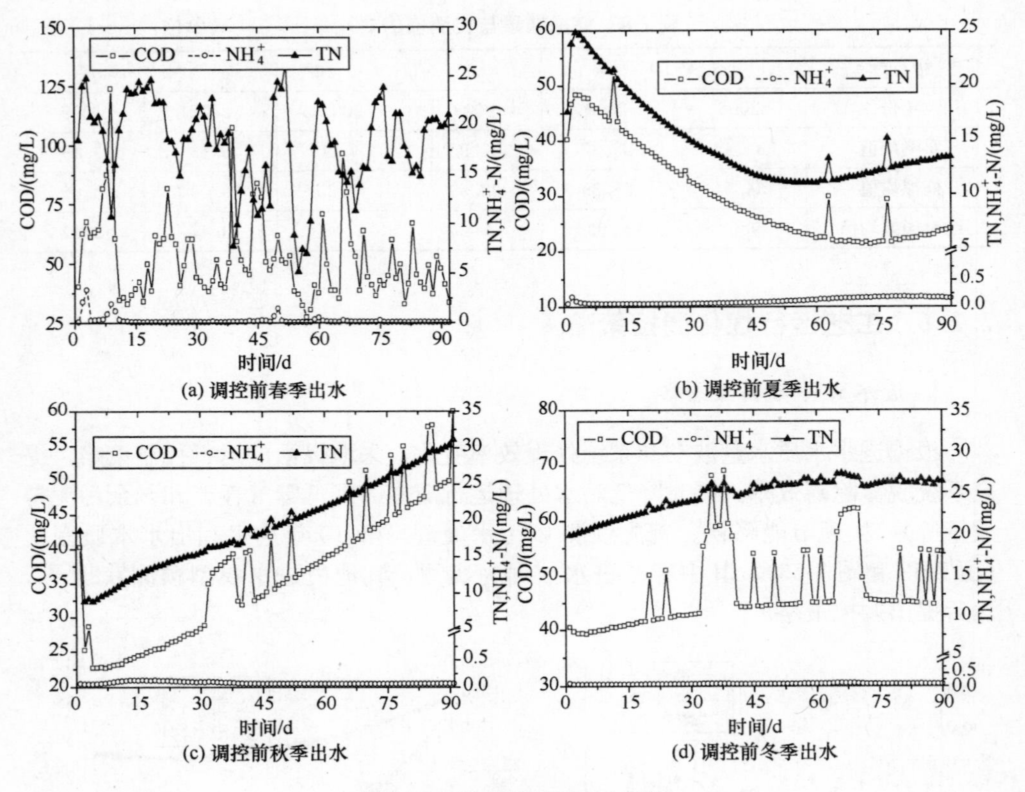

图 7-33 污水处理厂出水预测

春季进水水质整体波动变化不大，较为稳定；夏季的进水水质相对于春季，随着时间浓度逐渐降低，因此运行参数需要有针对性变化，尤其是季前和季后差异较大；秋季相对于夏末水质，呈现逐渐上升趋势，特别是中间的长时间的国庆黄金周期间，各水质指标浓度发生突变，进水 TN 容易超标；除两个节假日期间水质有所突变外，整个冬季水质变化较为平缓，并在季末呈现了下降趋势，但进水 TN 浓度出现了超标情况。

以污水处理厂原来运行参数作为模型运行参数，以每个季度进水水质、水量作为模型输入条件，预测每个季度污水处理厂的出水水质，模拟结果（图 7-33）显示，四个季度出水氨氮均没有出现超标现象，春、冬季度出水 TN 超标天数较多，因此需要针对提高系统脱氮效率提出调控措施，关键是改进系统的反硝化效率。提高系统反硝化效率一般有几种做法：一是缺氧段补充碳源，强化反硝化；二是通过降低溶解氧，实现同步硝化反硝化过程，提高脱氮效率。

根据上述分析和污水处理厂实际情况，提出如下调控策略：

（1）采用分段进水方式。通过进水补充碳源，以强化后续反硝化效果。共有三种做法：第一种方法是将污水处理系统原来运行控制中的 1h 进水时间分为前后 2 段，各 0.5h。前 0.5h 的进水在进行 1h 好氧硝化反应作用下将氨氮转化为硝酸盐，然后再进水 0.5h，并缺氧反应 1h，进行反硝化脱氮，接着是 1h 的沉淀和 1h 的出水。第二种方法的前 2h 运行控制与第一种方法相同，只是在 1h 缺氧反应之后为了将可能残留的氨氮硝化彻底，增加了较短时间的后续曝气段，一般 0.5h 为宜，并将沉淀和出水时间均降低至 45min。第三种方法与第二种方法基本相同，只是在第一个进水的 0.5h 并不曝气（即将第一段曝气时间缩短至 0.5h)，主要目的是利用上个循环结束时残留的硝酸盐氮进行部分反硝化。分段进水调控方案如图 7-34 所示。

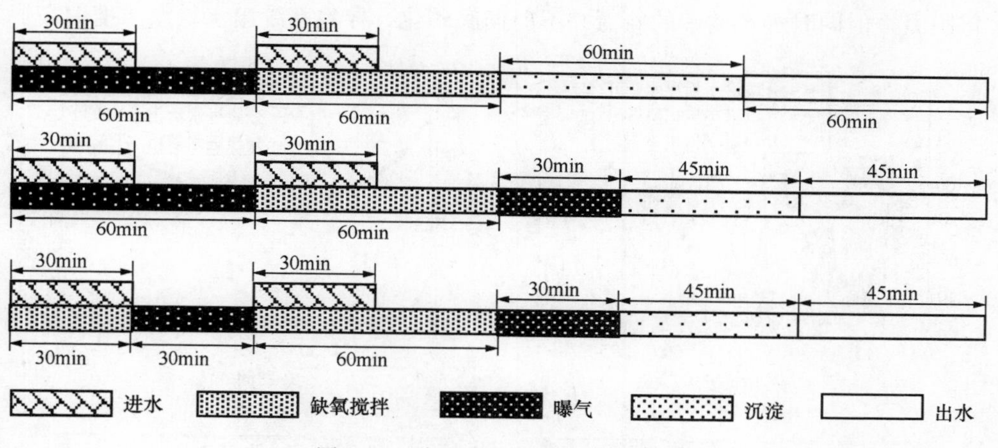

图 7-34　分段进水调控方案示意图

(2) 曝气控制。主要是根据进水水质的突变，特别是氨氮浓度的迅速降低或升高时，在不改变其他运行控制参数条件下，调节曝气机管道开启度或曝气时间，实现同步硝化反硝化提高系统硝化效率，同时节约供气量，降低运行成本。

(3) 调节污泥浓度。根据系统氨氮浓度以及处理效率的变化，改变剩余污泥排放量和污泥回流量控制系统的污泥浓度，调节系统的污泥龄，提高系统的氨氮去除效率，并为后续反硝化提供足够的电子受体，强化系统整体脱氮效率。

2. 分段进水调控策略模拟

1) 第一种分段进水策略

如图 7-35 所示，春季期间系统出水在调控策略实施前后变化较小，可见此种方法并不能有效地提高系统春季期间的脱氮效率。对于夏季期间系统出水，模拟结果表明分段进水策略实施后，整个季度的出水 TN 浓度控制 20mg/L 以下，较调控前系统的 TN 去除效率有了很大的提高，同时氨氮浓度水平基本保持不变。秋季系统出水模拟结果表明，秋季前期时段系统出水 TN 水平达到一级 A 标准的要求，中期时段 TN 浓度有所增加，仍能达到一级 B 标准，TN 浓度均低于调控前水平，但后期时段系统出水 TN 继续上升，并超标约 2.5mg/L；在整个秋季，系统出水氨氮浓度呈现逐渐增大趋势，到秋季末仍然低于 2.5mg/L；调控前后 COD 浓度变化不大。实施第一种分段进水策略后，冬季系统出水各指标浓度值发生了明显变化，除了两个节假日期间出水 TN 和 COD 略微超标外，其他时间的 TN、氨氮和 COD 浓度能满足一级 B 标准要求。总体来看，第一种分段进水策略对于系统四个季度的运行效率具有一定的改善，但还存在出水总氮达不到处理要求现象，可能的原因在于第二个 0.5h 进水仅为了强化系统的反硝化脱氮，但同时进水携带的氨氮并不能彻底硝化，导致系统出水氨氮浓度偏高。

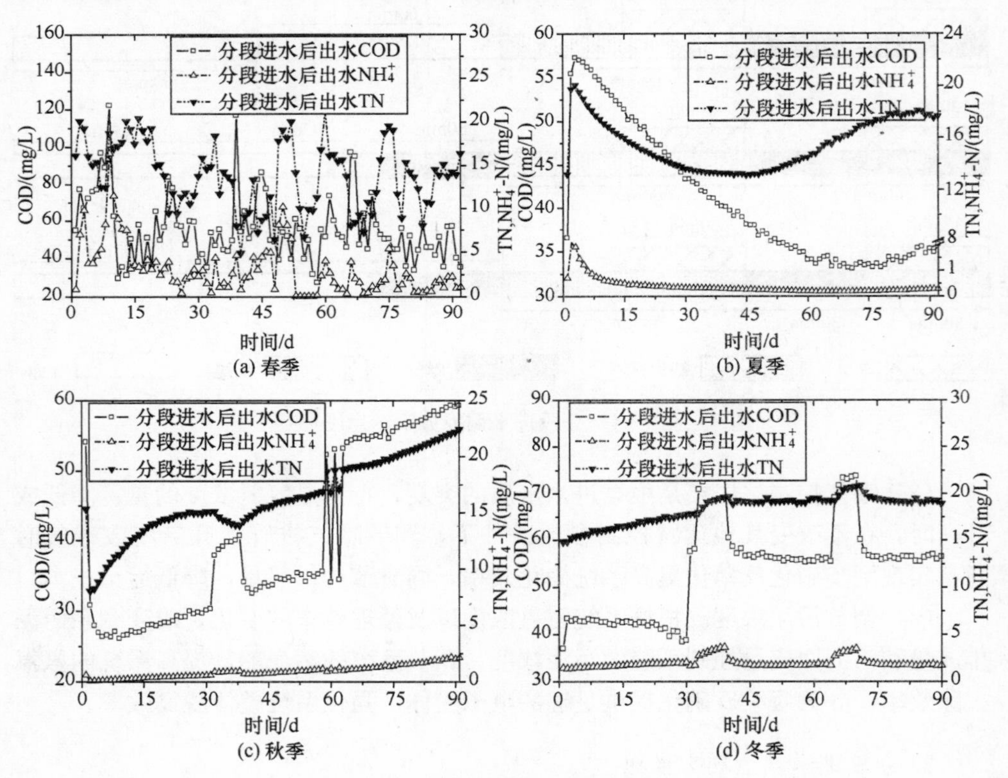

图 7-35　第一种分段进水策略模拟结果

2）第二种分段进水策略

如图 7-36 所示，通过在 1h 缺氧反应后增加较短时间的好氧曝气，第二种分段进水策略每个季度系统的出水水质指标均有所降低，特别是四个季度的系统出水氨氮浓度均降低至 1.0mg/L 以下，系统的硝化效果良好，供氧量相比于第一种进水策略增加了约50%，但秋、冬季节出水总氮浓度略高于20mg/L，主要以硝酸盐形式存在，大量的硝酸盐由于缺氧段碳源不足导致反硝化不彻底。硝酸盐的存在主要来源于两个方面，一是上个循环反应结束时残留的硝酸盐，二是进水氨氮硝化反应再次产生的硝酸盐。可能的原因在于前端曝气强度过大，导致碳源严重消耗，同时氨氮过度硝化，产生大量硝酸盐，给后置反硝化脱氮造成了巨大压力。可能的解决方法是将前端1.0h曝气时间缩短至0.5h，即在0.5h的进水段不曝气，此时可以利用上个循环残留的硝酸盐进行反硝化，提高系统的脱氮效率。因此，第二种分段进水策略也不能完全适用于该污水处理厂，特别是秋、冬季节。

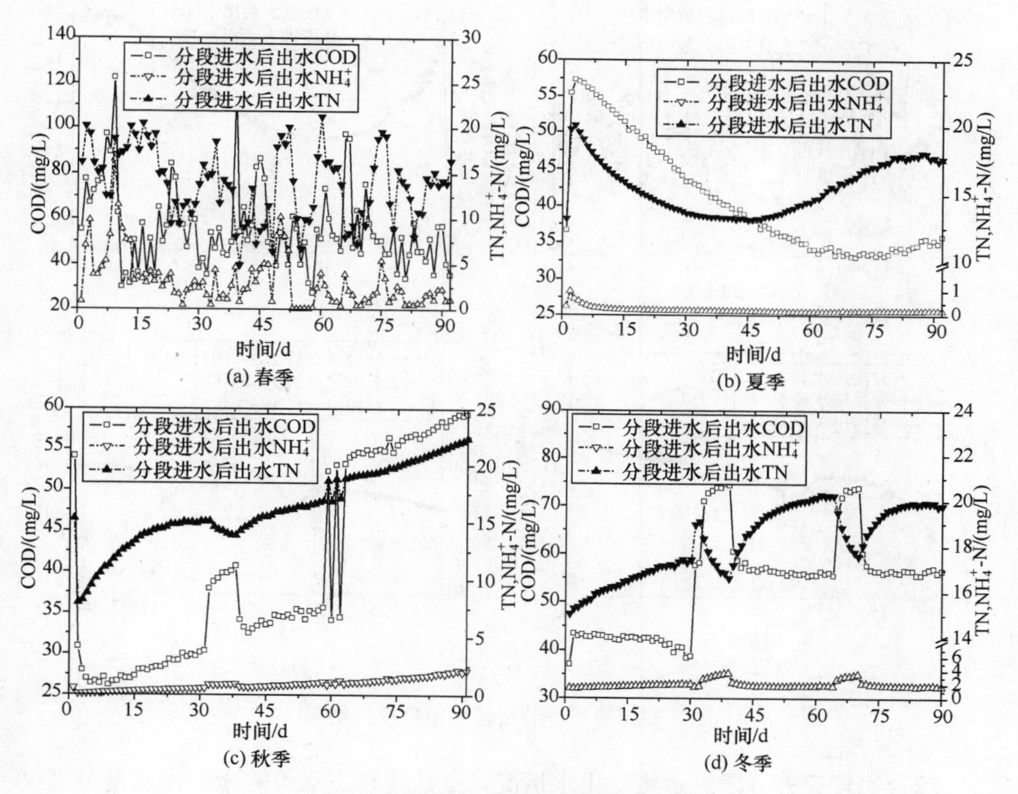

图7-36　第二种分段进水策略模拟结果

3）第三种分段进水策略

第三种分段进水策略将第二种进水策略中前1.0h曝气时间缩短至0.5h，使得开始0.5h进水时，系统上个循环残留的硝酸盐可以利用进水碳源首先进行反硝化脱氮，去除部分硝酸盐，接着再由硝化反应将氨氮转化为硝酸盐，相比于第二种策略，产生的硝酸盐浓度有所降低，减小了后续缺氧反硝化脱氮的压力。同时，第二个 0.5h 的进水为硝化产生的硝酸盐反硝化提供了足够的碳源。如图 7-37所示，第三种进水策略下四个季度系统的出水氨氮浓度均低于 5mg/L，总氮浓度控制在 20mg/L 以下，COD 浓度低于 60mg/L。相比于第二种进水策略，系统的出水氨氮浓度略微有所增加，主要是第二个进水阶段携带的氨氮在后续曝气阶段没有彻底硝化；同时 TN 浓度均有所降低，可见通过缩短前端好氧段的供氧量，有效地提高了系统总体脱氮效率。因此，第三种进水策略在不改变全厂供氧量的情况下，改变供氧阶段，有效地提高了系统的处理效率。

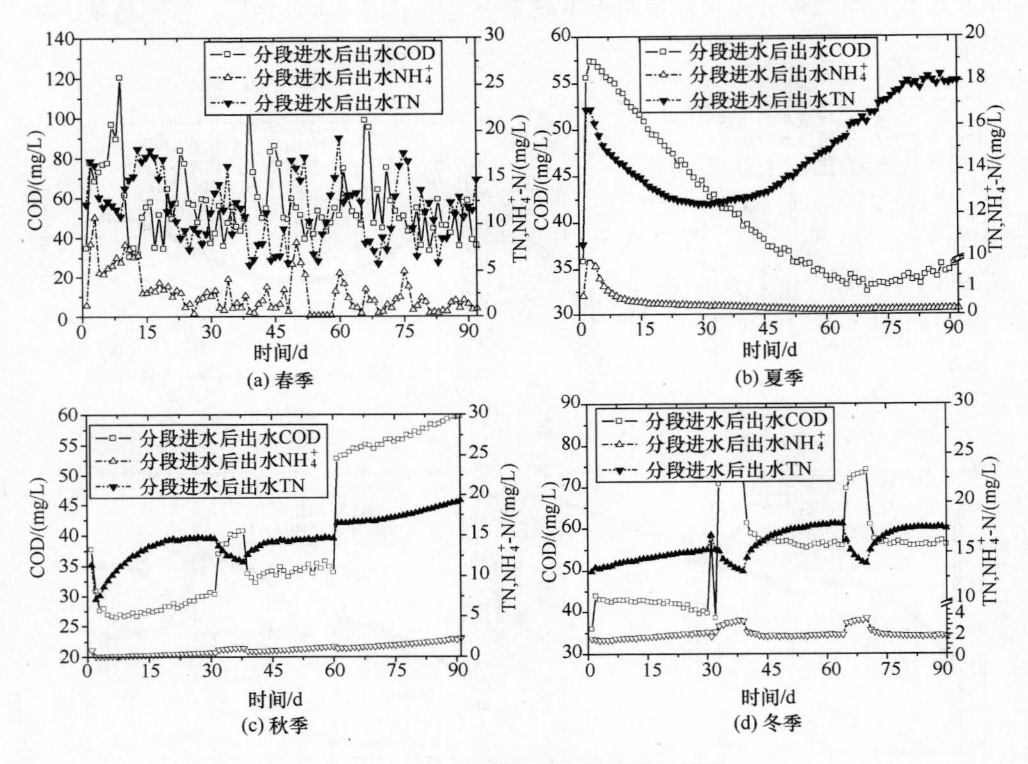

图 7-37　第三种分段进水策略模拟结果

综合比较三种分段进水策略出水情况，虽然三种进水策略中的供氧量分别仅为调控前的 50%、75%和 50%，但出水氨氮和 TN 浓度与调控前相比均有所降低，可见过量曝气并不利于系统脱氮效率提高，同时增加了全厂的运行成本。三种不同进水策略下出水 COD 和氨氮浓度差别均不大，出水 TN 浓度有所不同，第三种进水策略下出水 TN 浓度最低。第三种进水策略的优势在于初期进水时间内进行了适度的预先反硝化，从而提高了系统的脱氮效率。

3. 曝气调控策略模拟

由设计参数（4 个单元总供气量为 174m³/min）可知单池供气量为 2610m³/h，实际调查每台风机（Q=120m³/min）供 1～2 个好氧池同时曝气，即单池供气量为 3600～7200m³/h，从实际出水数据可知，在该供气条件下系统出水氨氮浓度（2008 年平均 4.2mg/L，2009 年平均 3.4mg/L）很低，可见此供氧量已能完全满足污水处理厂氨氮彻底硝化的要求，有可能存在过度曝气。而过度曝气会导致碳源的过量消耗，从而导致后续反硝化缺乏碳源而不能彻底进行，影响脱氮效率。因此，对于污水处理厂溶解氧调控重点在于不影响系统出水氨氮达标的条件下，降低系统供氧量。

模拟结果（图 7-38）显示，供氧量的改变度对每个季度系统出水 COD 浓度并没有明显的影响。当供氧量降低至 2000m³/h 左右时，春、夏季节的系统出水 TN 和氨氮浓度变化并不明显，可见春、夏季节系统的供氧量可以降低至 2000m³/h，降低供气成本。而对于秋、冬季节，随着供氧量的降低，系统出水

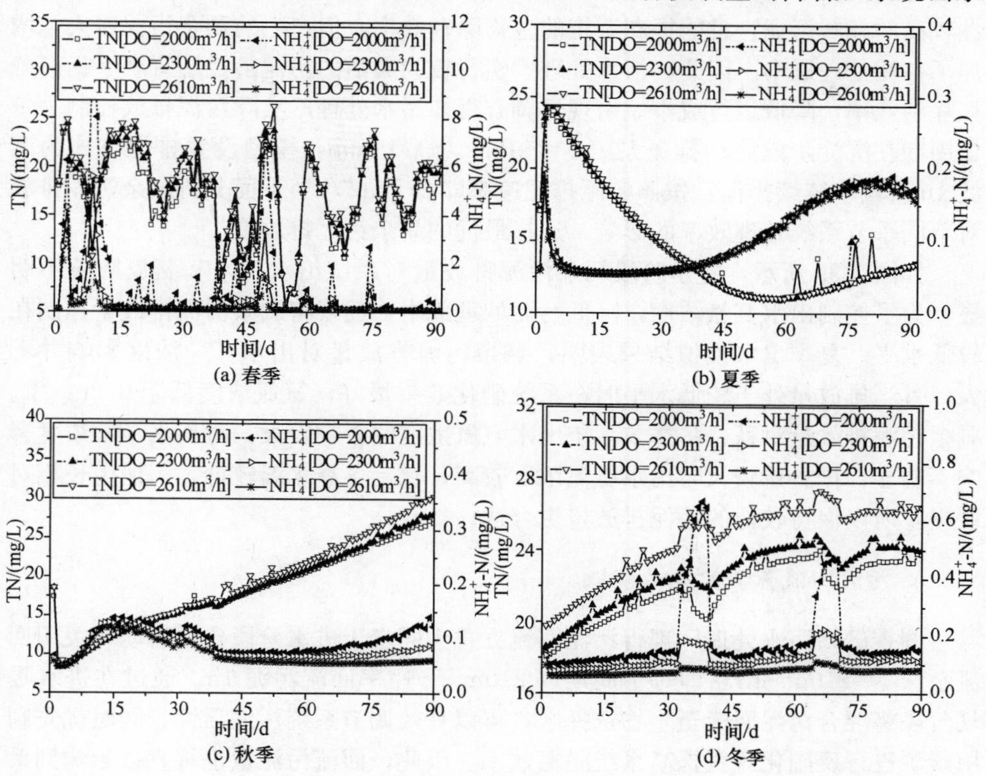

图 7-38　曝气调控模拟结果（DO 表示曝气量）

TN和氨氮浓度之间的变化趋势相反。当供氧量为2000m^3/h时，系统出水氨氮浓度最低（低于1mg/L），而总氮浓度却达最大值（22mg/L左右）。当供氧量增加至2610m^3/h时，氨氮浓度继续降低，但总氮浓度增大至28mg/L左右。因此，为了提高系统的脱氮效率，建议将供氧量降低至2000m^3/h左右，甚至可以更低的水平，供氧成本降低至调控前的77%。

通过对调控前后系统出水指标浓度比较发现，虽然供氧量的降低对系统处理效率有一定的改善，但这种作用是有限的，特别是出水TN仍然出现了超标现象，因此不能仅通过降低供氧量提高系统处理效率，需要结合其他调控策略，如分段进水等。

4. *剩余污泥排放量调控策略模拟*

通过改变剩余污泥的排放量调节系统的污泥龄。较长的污泥龄有利于自养菌生长，提高系统氨氮硝化效率，同时降低剩余污泥排放量可节约污泥处理成本，但污泥的活性不高。较短的污泥龄有利于及时更新活性较低的陈旧污泥，保持活性较高的新鲜污泥，且能提高系统的生物除磷效率，但产生的剩余污泥量大，增加了污泥处理成本。因此，污水处理厂实行较为灵活的污泥龄控制有利于提高脱氮除磷效率，降低运行成本。由现场调查得知污水处理厂实际污泥排放控制为每个周期在沉淀阶段启动排泥泵（Q=110m^3/h）15min，模型设置排泥方式为沉淀1h阶段中连续排泥，按照实际排泥速率即27.5m^3/h。下面分析剩余污泥排放对不同季节系统处理效率的影响，选择最优的剩余污泥排放量。

如图7-39所示，春季阶段剩余污泥排放量对系统出水TN和氨氮影响不明显，为了控制出水氨氮浓度，降低污泥处理成本，建议将剩余污泥排放量控制在较低水平。夏季出水模拟结果表明，剩余污泥排放量对出水TN浓度影响并不大，且当排放量处于较低水平时，系统硝化效果最好，氨氮浓度低于0.2mg/L。剩余污泥排放量对秋、冬季节系统出水氨氮浓度的影响较大，对出水TN浓度影响不明显，排放量较大时出水氨氮浓度较高，秋、冬季水温较低，污泥生长相对缓慢，所以保持较低的污泥排放量更合适。

5. *污泥回流量调控策略模拟*

调查已知污水处理厂现行污泥回流方式为同步于进水阶段自动启动和关闭回流泵（Q=210m^3/h），即每个周期以210m^3/h速率回流污泥1h。通过在进水曝气阶段将混合污泥回流至生物选择区，可以有效调节系统污泥活性，同时优先利用碳源进行反硝化脱氮提高系统脱氮效率。因此，回流污泥量也将直接影响到系统脱氮处理效率，模型也采用同步进水回流污泥的方式。

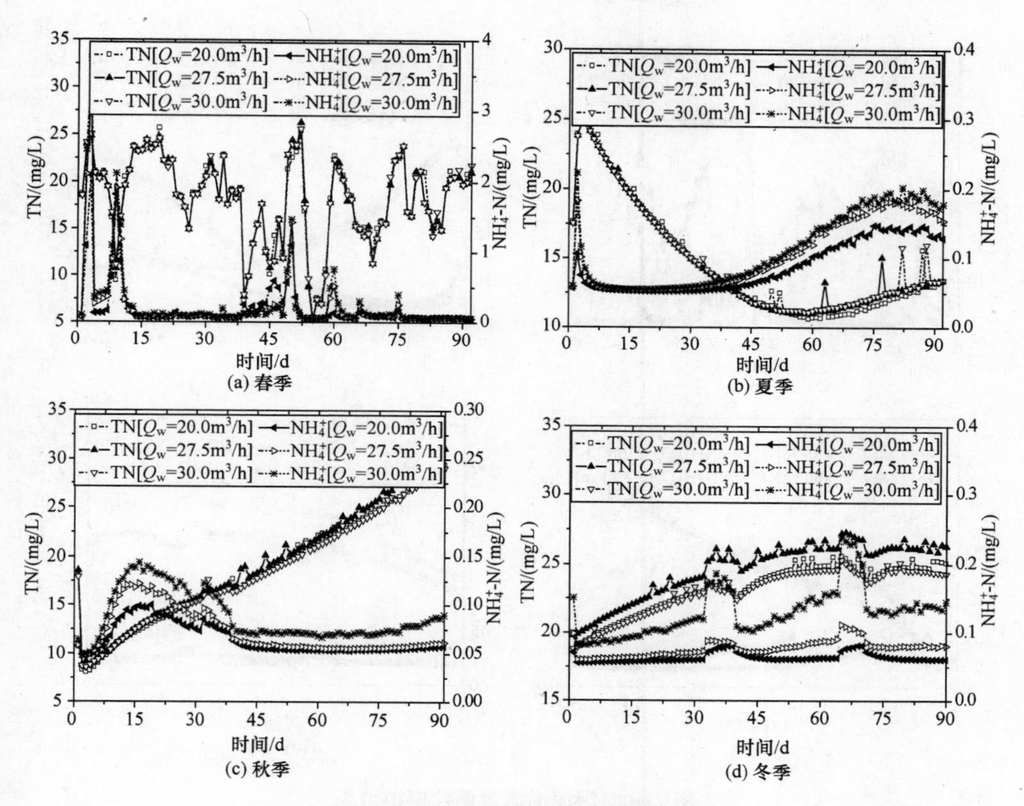

图 7-39 剩余污泥排放调控模拟结果

模拟结果（图 7-40）显示，污泥回流量的变化对春季系统出水 TN 和氨氮浓度并没有产生明显的影响。夏季系统出水 TN 浓度在各种污泥回流量条件下没有变化，但出水氨氮浓度随着污泥回流量增大而有所增大，且当回流量分别为 $250m^3/h$ 和 $300m^3/h$ 时，氨氮浓度并没有发生明显的变化。污泥回流量对秋季出水 TN 和氨氮的影响与夏季较为相近，特别是在秋季上旬，当回流污泥量较大时，出水氨氮浓度较高，但中下旬氨氮浓度并没有明显变化。对于冬季出水 TN 和氨氮，模拟结果发现，污泥回流量并未直接影响到出水氨氮浓度，然而当污泥回流量为 $210m^3/h$ 时，出水 TN 浓度较高，随着回流量的增大，出水 TN 浓度有所降低，且逐渐变得稳定。

6. 综合调控策略的优化与模拟

综合考虑上述季节性调控策略，如分段进水、降低供氧量以及调控污泥浓度等。第三种分段进水策略和降低供氧水平（$2000m^3/h$）对四个季度均适合。基于第三种分段进水策略，利用模型正交实验方法组合其他三种调控策略对 2010

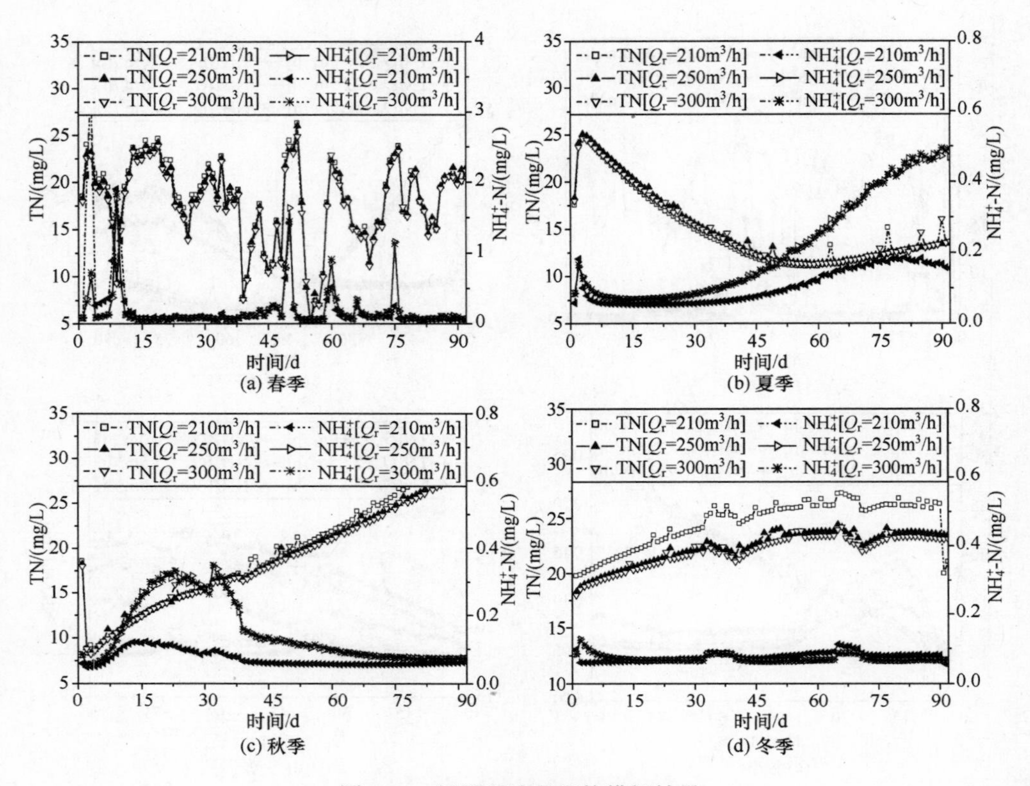

图 7-40　污泥回流量调控模拟结果

年系统出水水质进行模拟，出水 TN 和 COD 作为正交实验结果评价指标(表 7-9)，选择较优的调控策略组合。利用 GPS-X 软件实现正交实验的模拟，并对结果进行分析，如表 7-10～表 7-12 所示。

表 7-9　模型正交实验因素水平表　　（单位：m^3/h）

序号	供气量	污泥排放量	污泥回流量
1	2000	20	180
2	2000	27.5	210
3	2000	30	250
4	2610	20	210
5	2610	27.5	250
6	2610	30	180
7	3000	20	250
8	3000	27.5	180
9	3000	30	210

表 7-10　正交实验模拟出水 COD 分析结果　（单位：mg/L）

指标	供气量				污泥排放量				污泥回流量			
季度	春	夏	秋	冬	春	夏	秋	冬	春	夏	秋	冬
K_{i1}	47.19	41.04	33.79	58.76	45.31	41.17	34.12	59.74	45.57	40.67	33.44	58.70
K_{i2}	47.88	40.80	33.51	59.08	45.36	40.95	35.59	58.57	47.43	41.01	33.27	58.86
K_{i3}	43.50	40.94	33.43	58.44	47.90	40.66	33.02	57.96	45.57	41.10	34.02	58.72
极差	4.38	0.24	0.36	0.64	2.59	0.51	2.57	1.78	1.86	0.43	0.75	0.16

注：K_{ij}——i 因素的 j 水平所对应的正交实验指标的均值。

表 7-11　正交实验模型出水 TN 分析结果　（单位：mg/L）

指标	供气量				污泥排放量				污泥回流量			
季度	春	夏	秋	冬	春	夏	秋	冬	春	夏	秋	冬
K_{i1}	29.09	10.49	15.01	32.47	23.40	10.06	15.64	32.79	23.06	10.45	14.90	32.49
K_{i2}	29.13	10.44	14.99	32.50	22.73	10.60	14.73	32.41	29.11	10.48	14.94	32.48
K_{i3}	16.39	10.47	15.00	32.46	28.48	10.73	14.62	32.24	22.45	10.47	15.16	32.47
极差	12.74	0.05	0.02	0.04	5.75	0.67	1.02	0.55	6.66	0.03	0.26	0.02

表 7-12　正交实验模型出水 NH_4^+ 分析结果　（单位：mg/L）

指标	供气量				污泥排放量				污泥回流量			
季度	春	夏	秋	冬	春	夏	秋	冬	春	夏	秋	冬
K_{i1}	27.56	1.99	11.75	30.07	18.82	1.79	12.43	30.29	19.14	1.95	11.65	30.07
K_{i2}	27.54	1.97	11.76	30.06	19.67	2.06	11.46	30.01	27.56	1.99	11.72	30.07
K_{i3}	10.23	1.98	11.78	30.06	26.85	2.09	11.39	29.89	18.64	2.00	11.91	30.06
极差	17.33	0.02	0.03	0.01	8.03	0.30	1.04	0.40	8.92	0.05	0.26	0.01

供气量、污泥排放量以及污泥回流量对春季系统出水 COD 和 TN 浓度影响程度最大，对其他季节影响较小，特别需要关注春季期间系统运行参数的调控。在各种调控策略下，春、冬季期间系统出水 COD 均较高，而夏、秋季节则较低，主要原因是系统运行效果受天气温度影响较大；夏、秋季期间系统出水 TN 浓度较低，而春、冬季节由于气温较低，污泥微生物活性降低导致系统的处理效率不高（正交实验因素水平对于冬季来说设置得不够合理，特别是污泥排放量应设置在较低水平）；夏、秋两个季度系统出水氨氮效果较好，然而春、冬两个季度出水氨氮严重超标了。综合正交实验结果，实验因素的水平设置不能同时满足四个季度三个指标的要求，但可以通过每个季度各个出水指标随着因素水平不同的变化趋势，针对不同的季节得到不同的最优因素水平组合，如表 7-13 所示。

表 7-13　优化运行调控策略　　（单位：m^3/h）

季度＼参数	供气量	污泥排放量	污泥回流量
春季	3000	27.5	250
夏季	2000	30.0	180
秋季	3500	27.5	210
冬季	3500	20.0	210

（1）供气量。春季供气量处最高水平（$3000m^3/h$）时，出水 TN 和氨氮浓度最低；夏季条件下，正交实验设置的三个供气量水平对出水 TN 和氨氮影响并不大，从节能降耗角度考虑，建议供气量设置为较低水平，如 $2000m^3/h$；秋季时不同供气量水平对出水 TN 影响较小，并均能满足达标的要求，出水氨氮浓度达标需要较高供气水平，建议采用 $3500m^3/h$；冬季时节随供气量增大，出水 TN 和氨氮浓度均呈现降低趋势，建议冬季供气量设置在较高水平（$3500m^3/h$）。

（2）污泥排放量。春季和秋季，污泥排放量为 $27.5m^3/h$ 时，出水 TN 浓度最低，污泥排放量越低，出水氨氮浓度越低，主要原因是较低的污泥排放量足以维持系统中自养菌，有利于硝化反应；正交实验中的各污泥排放量对冬季系统出水 TN 影响不大，但污泥排放量增大会导致出水氨氮浓度升高，因此冬季宜保持较低的污泥排放量（$20m^3/h$）；不同污泥排放量时夏季系统出水 TN 和氨氮均能满足达标要求，且对其影响不大，但夏季温度较高污泥生长速度较快，所以夏季应增大污泥排放量，建议使用较高的污泥排放量水平（$30m^3/h$）。

（3）污泥回流量。春、冬季节系统出水 TN 和氨氮受其影响较为一致，在较高污泥回流量条件下，两个季度系统出水 TN 和氨氮浓度均最低；夏季时，污泥回流量对系统处理效率影响较小，建议使用较低的污泥回流量（$180m^3/h$）；秋季期间，当污泥回流量处于最低水平（$180m^3/h$）时，出水 TN 和氨氮浓度最低。

如图 7-41 所示，在最优运行参数组合下对每个季度系统出水进行模拟。模拟结果表明，基于上述第三种分段进水策略，针对不同季节采用不同的运行参数（供气量、污泥排放量和污泥回流量），系统获得了较为稳定的处理效率。相比于调控前，系统出水 TN 和氨氮有明显改善，均能满足一级 B 标准，甚至有部分时间能够满足一级 A 标准。春季出水波动比较大，因为进水数据采用已知的实测值，TN 和氨氮都满足达标要求，COD 个别点接近 60mg/L，都达到了一级 B 排放标准。夏季上中旬系统出水 TN 浓度远低于 15mg/L，仅在季末有所上升，但仍低于 20mg/L；整个季度期间出水氨氮浓度均低于 5mg/L，能满足一级 A 标准要求。秋季中旬系统出水 TN 低于 15mg/L，上旬和下旬为 15～20mg/L；出水氨氮浓度呈现上升趋势，季末增大至5～8mg/L，相比于调控策略实施前，出水氨氮浓度有所增大。整个冬季系统出水TN和氨氮浓度变化趋势如同进水水质变化，呈现逐渐增大，特别是两个节假日水质有突变情况。冬季前期出水TN浓度低于15mg/L，冬季中后期系统出水TN略为增大，特别是节假日，为15～20mg/L；对于出水氨氮，除了两个节假日有超标可能外（8～10mg/L），其他时间均能满足一级B标准要求。

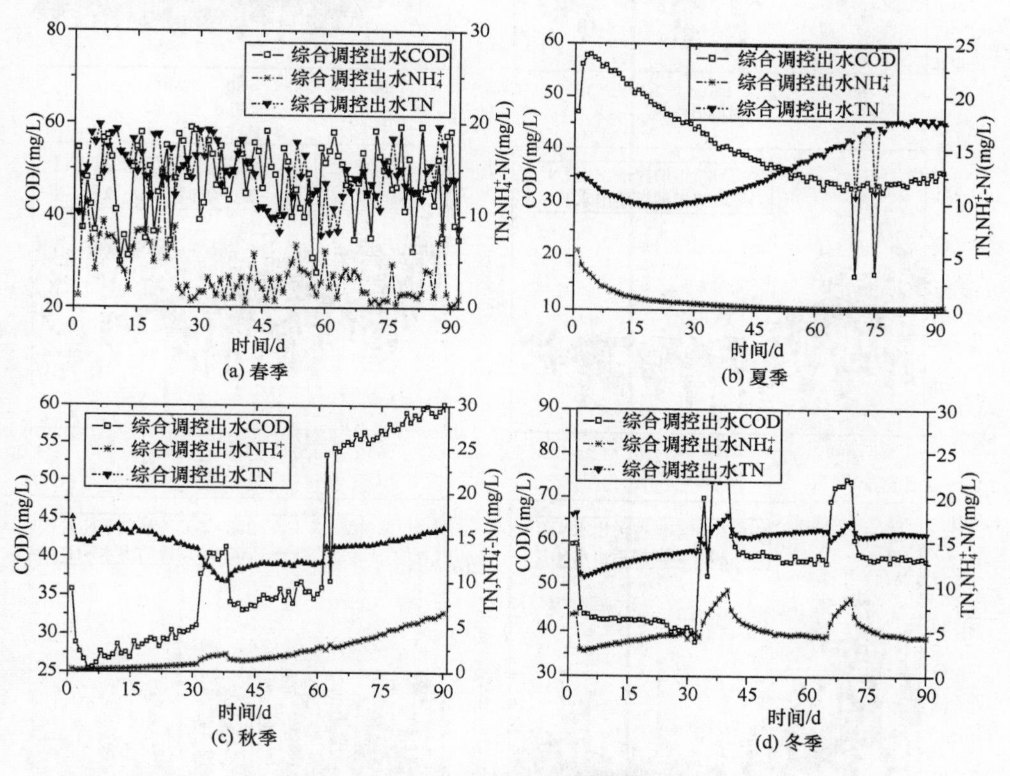

图7-41　综合调控策略效果模拟

利用2008年和2009年进水实测数据进一步验证季节性调控策略的适用性，如图7-42所示。2008年和2009年系统出水模拟结果发现，通过实施调控策略后，除了2008年上半年出水TN和氨氮仍然略高于排放标准值，其他时间系统出水COD、TN和氨氮浓度总体上有所降低，甚至部分时间出水水质可以达到更高的一级A标准的要求，进一步说明了上述调控策略的适用性。

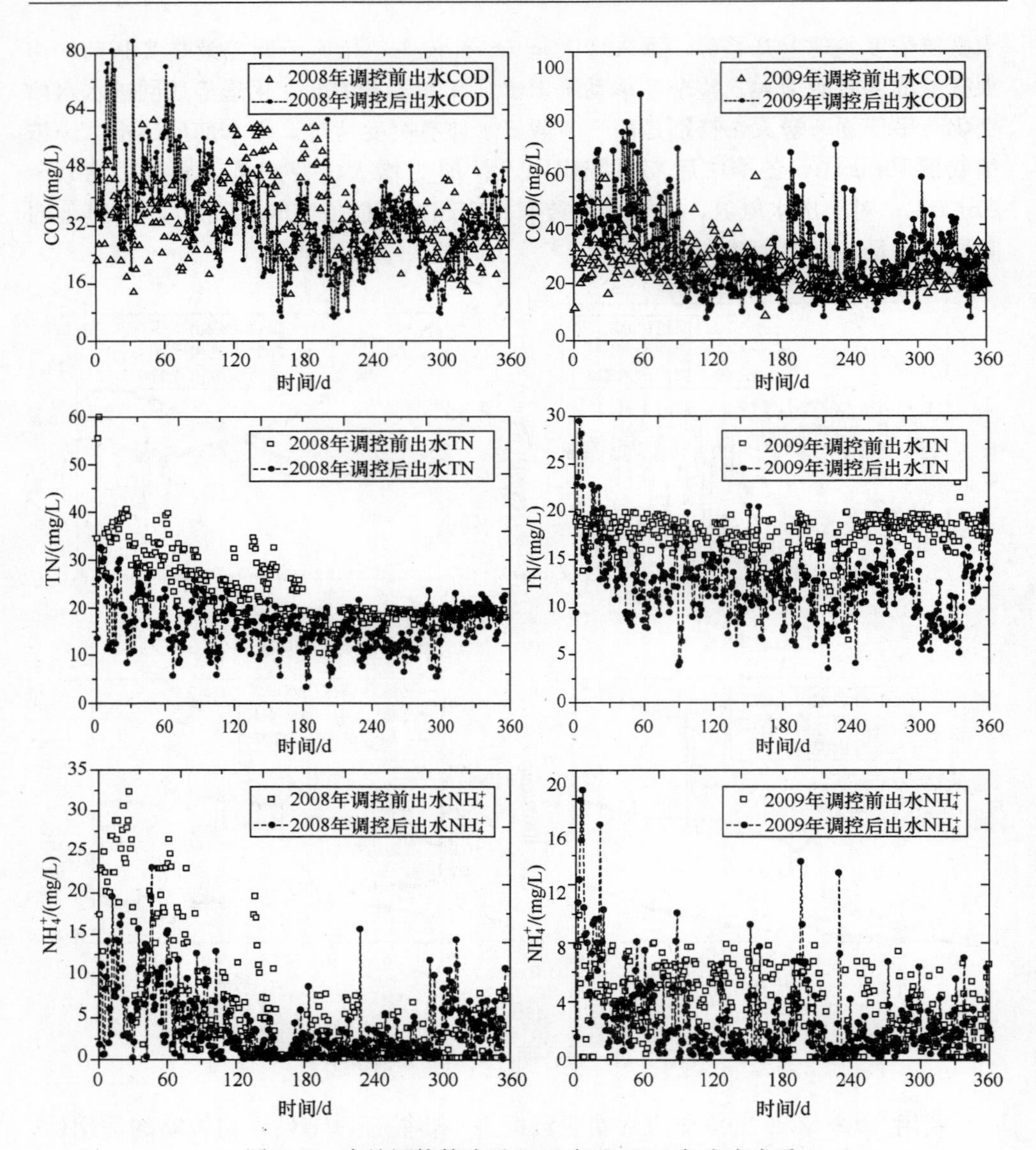

图 7-42　实施调控策略后 2008 年和 2009 年出水水质

7.3　本章小结

按照本书提出的废水 COD 组分表征标准化方法体系，对重庆市 4 个污水处理厂进水 COD 组分进行了测试。结果表明：① 低的 RBCOD 比例和高的 X_H 比例是这 4 个污水处理厂进水 COD 的共同特征。RBCOD 在总 COD 中所占的比例仅为文献报道结果的50%左右，这与测量到的污水中高的 X_H 含量一致，一方面是由于管道类型导致的微生物生长和基质降解，另一方面是文献多采用物理化学方法导致RBCOD高估。② 其中2个污水处理厂进水的可生化性明显不好，可生物降解COD仅占30%左右，明显低于正常的城市废水的可生化性。与这一特征直接对应的是，这2个污水处理厂进水中溶解性不可生物降解COD组分 S_I 的含量异常偏高，达到23%和28%，绝对浓度达到约90mg/L。这种水质组成特性给这2个污水处理厂出水达标带来了很大困难。

将进水COD组分表征的结果作为GPS-X模拟软件的初始值，并结合参数校核的结果，对C污水处理厂的污水处理工艺进行了模拟，结果表明，准确的组分表征结果能提高模拟软件的模拟效果。采用2010年进水模型值作为工艺模型的输入，预测2010年大渡口污水处理厂的运行结果，发现COD和 NH_4^+-N的处理结果较好，出水TN有超标的情况。据此提出了调控策略，对其调控效果进行了预测：① 分段进水策略和降低供氧水平（2000m^3/h）对四个季度均适合。采用分段进水方式能充分利用有限的碳源强化系统的反硝化脱氮，获得最佳的处理效率，并能相对原运行曝气方式节约50%的曝气量。② 夏季可以采用较大的剩余污泥排放量，春、秋、冬宜减少污泥排放。在进水曝气阶段将混合污泥回流至生物选择区，可以有效调节系统污泥活性，同时优先利用碳源进行反硝化脱氮提高系统脱氮效率，随着污泥回流量的增大，出水TN浓度有所降低。③ 采用正交实验综合研究了各因素水平，得到了不同的最优因素水平组合，利用2008年和2009年进水实测数据进一步验证了季节性调控策略的实际效果。

参考文献

[1] Xu S L, Hultman B. Experiences in wastewater characterization and model calibration for the activated sludge process [J]. Water Science and Technology, 1996, 33(12): 89～98.

[2] Henze M. Characterization of wastewater for modeling of activated sludge processes [J]. Water Science and Technology, 1992, 25(6): 1～15.

[3] Ekama G A, Dold P L, Marais G V R. Procedures for determining influent COD fraction and the maximum specific growth rate of heterotrophs in activated sludge system [J]. Water Science and Technology, 1986, 18(6): 91～114.

[4] Rossle W H, Pretorius W A. A review of characterization requirements for in-line prefermentres, Paper 1: Wastewater characterization [J]. Water SA, 2001, 27(3): 405～412.

[5] Orhon D, Sozen S, Artan N. The effect of heterotrophic yield on assessment of the correction factor for the anoxic growth [J]. Water Science and Technology, 1996, 34(5-6): 67～74.

[6] 陈莉荣，王利平，彭党聪. ASM模型易生物降解COD的物理化学测定法 [J]. 中国给水排水，2004, 6(20): 97～98.

[7] Gujer W, Henze M, Mino T, et al. The activated sludge model No. 2: Biological phosphorus removal [J]. Water Science and Technology, 1995, 31(2): 1～11.

[8] Henze M, Jr Grady C P L, Gujer W, et al. Activated sludge model No. 1 [R]. IAWPRC Science and Technology Report No. 1, London, 1987.
[9] Henze M, Gujer W, Mino T, et al. Activated sludge model No. 2d, ASM2D [J]. Water Science and Technology, 1999, 39(1): 165～182.
[10] Sollfrank U, Kappeler J, Gujer W. Temperature effects on wastewater characterization and the release of soluble inert organic material [J]. Water Science and Technology, 1992, 25(6): 33～41.
[11] Siegrist H, Krebs P, Buhler R, et al. Denitrification in secondary clarifiers [J]. Water Science and Technology, 1995, 31(2): 205～214.
[12] Cokgor E U, Sozen S, Orhon D, et al. Respirometric analysis of activated sludge behaviour—I. Assessment of the readily biodegradable substrate [J]. Water Science and Technology, 1998, 32(2): 461～475.
[13] De la Sota A, Larrea L, Novak L, et al. Performance and model calibration of R-N-D process in pilot plant [J]. Water Science and Technology, 1994, 30(6): 355～364.
[14] Lesouef A, Payraudeau M, Rogalla F, et al. Optimizing nitrogen removal reactor configuration by on-site calibration of the IAWPRC activated sludge model [J]. Water Science and Technology, 1992, 25(6): 105～124.
[15] Orhon D, Ates E, Sozen S, et al. Characterization and COD fractionation of domestic wastewaters [J]. Environmental Pollution, 1997, 95(2): 191～204.
[16] Spérandio M, Paul E. Estimation of wastewater biodegradable COD fractions by combining respirometric experiments in various S_o/X_o ratios [J]. Water Research, 2000, 34(4): 1233～1246.
[17] Melcer H, Dold P L, Jones R M, et al. Methods for Wastewater Characterization in Activated Sludge Modeling [M]. Alexandria: Water Environmental Research Foundation, 2004.
[18] 黄勇，李勇. 废水特性鉴定的批量OUR法实验研究[J]. 上海环境科学，2001，20(7)：322～326.
[19] 刘芳，周雪飞，蓝梅，等. 活性污泥1号模型废水特性的测定研究环境污染与防治 [J]. 环境污染与防治，2004，26(2)：92～94.
[20] 揭大林，操家顺，花月，等. WEST仿真软件在污水处理中的应用研究 [J]. 环境工程学报，2007，1(3)：138～141.
[21] 蓝梅，周雪飞，顾国维. ASM1模型参数的多因素灵敏度分析 [J]. 中国给水排水，2006，22(23)：56～58.
[22] Hu Z Q, Chandran K, Smets B F, et al. Evaluation of a rapid physical-chemical method for the determination of extant soluble COD [J]. Water Research, 2002, 36: 617～624.
[23] Zhang W G, Zhang D J, Cai Q, et al. Analysis and modelling of influent variation to Dadukou WWTP at Chongqing, China [J]. Disaster Advances, 2010, 3(4): 340～348.